5일 완성 프로젝트

과학셀

안쌤의 창의적 문제해결력

과학 50제

KB118903

초등
5~6학년

매스티안

구성과 특징

과학 사고력

영재성검사, 창의적 문제해결력 검사 및 평가, 창의탐구력 검사에 출제되는 문제 유형입니다. 개념 이해력을 평가할 수 있는 교과 개념과 관련된 사고력 문제 유형과, 탐구 능력을 평가할 수 있는 실험과 관련된 탐구력 문제 유형으로 구성하였습니다.

과학 창의성

영재성검사, 창의적 문제해결력 검사 및 평가에 출제되는 문제 유형입니다. 창의성 평가 요소 중 유창성과 독창성 및 융통성을 평가할 수 있는 창의성 문제 유형으로 구성하였습니다. 유창성은 원활하고 민첩하게 사고하여 많은 양의 산출 결과를 내는 능력으로, 어떤 문제의 유효한 아이디어를 제한된 시간 내에 많이 쏟아내야 합니다. 독창성은 새롭고 독특한 아이디어를 산출해 내는 능력으로, 유창성 점수를 받은 유효한 아이디어 중 같은 학년의 학생들이 생각할 수 있는 아이디어가 아닌 특이하고 새로운 방식의 아이디어인 경우 추가로 점수를 받을 수 있습니다. 융통성은 생성해 낸 아이디어의 범주의 수를 의미하며, 다양한 각도에서 생각해야 합니다.

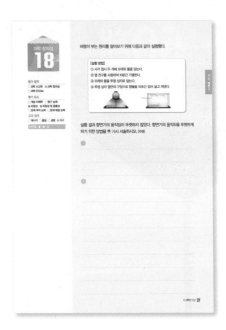

과학 STEAM

창의적 문제해결력 검사 및 평가, 창의탐구력 검사에 출제되는 신유형의 융합사고력 문제입니다. 융합사고력 문제는 단계적 문제 유형으로, 첫 번째 문제로 문제 파악 능력을 평가하고, 두 번째 문제로 파악한 문제의 해결 능력을 평가할 수 있는 유형으로 구성하였습니다.

채점표

강별 배점이 100점이 되도록 문항별 점수와 평가 영역별 점수를 구성하였습니다. 과학 사고력 문항은 개념 이해력과 탐구 능력을, 과학 창의성은 유창성과 독창성 및 융통성을, 과학 STEAM은 문제 파악 능력과 문제 해결 능력을 평가 영역으로 구성하였습니다. 또한 채점 결과에 따른 문제 유형별 공부 방법을 제시하였습니다.

서술형 채점 기준

영재성검사, 창의적 문제해결력 검사 및 평가, 창의탐구력 검사에 출제되는 문제는 모두 서술형입니다. 부분 점수가 없는 객관식과 달리 서술형은 문제에서 요구하는 평가 요소들을 모두 넣어서 답안을 작성했는지에 따라 점수가 달라집니다. 자신의 답안을 채점 기준에 맞게 채점해 보면 서술형 답안 작성 방법을 연습할 수 있습니다.

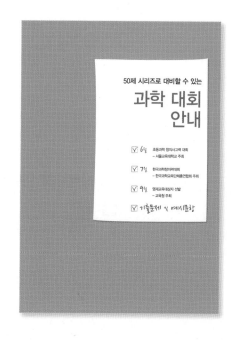

부록 50제 시리즈로 대비할 수 있는 과학 대회 안내

다양한 과학 대회들 중 어떻게 대회를 준비해야 하는지 고민하시는 분들을 위해 50제 시리즈로 대비할 수 있는 과학 대회를 정리했습니다. 이 대회들은 영재교육원 문제 유형과 유사해서 미리 영재교육원 입시를 경험할 수 있고 실력을 체크할 수 있습니다. 각 대회의 기출 문제와 영재교육원 각 단계별 기출 문제를 같이 수록했습니다.를 소개하고 기출 문제 및 출제 문제 유형을 같이 수록했습니다.

목차

안쌤의 창의적 문제해결력

파이널 50제
과학1

초등
5·6
학년

과학 사고력

01

평가 영역

■ 과학 사고력　□ 과학 창의성
□ 과학 STEAM

평가 요소

□ 개념 이해력　■ 탐구 능력
□ 유창성　□ 독창성 및 융통성
□ 문제 파악 능력　□ 문제 해결 능력

교과 영역

■ 에너지　□ 물질　□ 생명　□ 지구

난이도 ★ ★ ☆

지섭이는 열의 이동 방향을 알아보기 위해 다음과 같이 실험했다.

[실험 방법]

① 쇠막대 2개에 열변색 물감을 일정한 간격으로 칠한다.

② 쇠막대 하나는 수평으로 놓고 중앙을 가열하고, 다른 쇠막대는 기울여서 중앙을 가열한다.

1 두 쇠막대의 변화를 비교하여 서술하시오. [4점]

2 이 실험으로 알 수 있는 점을 서술하시오. [4점]

평가 영역
■ 과학 사고력 □ 과학 창의성
□ 과학 STEAM

평가 요소
□ 개념 이해력 ■ 탐구 능력
□ 유창성 □ 독창성 및 융통성
□ 문제 파악 능력 □ 문제 해결 능력

교과 영역
□ 에너지 ■ 물질 □ 생명 □ 지구

난이도 ★ ☆ ☆

물, 식용유, 에탄올처럼 각각 다른 액체를 사용하면 액체탑을 만들 수 있다. 다양한 액체를 사용하지 않고 한 가지 종류의 액체만 사용하여 액체탑을 쌓을 수 있는 방법을 설계하고 원리를 서술하시오. [8점]

• 한 가지 종류의 액체만 사용하여 액체탑을 쌓을 수 있는 방법

• 액체탑을 쌓을 수 있는 원리

과학 사고력
03

국제우주정거장(ISS)에서 진행된 18가지의 우주과학실험 중 하나는 우주에서 식물이 어떻게 자라는지 관찰하는 것이다. 식물이 자라는 데 필요한 영양분과 수분이 들어있는 '우주 종자 발아 성장 팩'에 씨앗을 심어 우주정거장에서 키운다면 식물이 자라는 모습이 지구에서와 어떻게 다를지 서술하시오. [8점]

평가 영역

■ 과학 사고력 ☐ 과학 창의성
☐ 과학 STEAM

평가 요소

■ 개념 이해력 ☐ 탐구 능력
☐ 유창성 ☐ 독창성 및 융통성
☐ 문제 파악 능력 ☐ 문제 해결 능력

교과 영역

☐ 에너지 ☐ 물질 ■ 생명 ☐ 지구

난이도 ★ ★ ★

과학 사고력 04

평가 영역
■과학 사고력 □과학 창의성
□과학 STEAM

평가 요소
■개념 이해력 □탐구 능력
□유창성 □독창성 및 융통성
□문제 파악 능력 □문제 해결 능력

교과 영역
□에너지 □물질 □생명 ■지구

난이도 ★ ☆ ☆

북극성은 지구의 자전축과 동일선상에 있기 때문에 움직이지 않는 것처럼 보이고 별이 움직이는 데 중심이 된다. 북극성을 찾으면 동서남북 방향을 쉽게 알 수 있다. 그러나 북극성은 2.5등성의 어두운 별이므로 북쪽 하늘의 대표적인 별자리인 북두칠성과 카시오페이아자리를 이용하여 찾는다. 다음은 우리나라에서의 여름과 겨울의 북쪽 하늘 모습이다. 각 하늘에서 북극성을 찾는 방법을 서술하시오. [8점]

❶

❷

과학 창의성
05

평가 영역
☐ 과학 사고력 ■ 과학 창의성
☐ 과학 STEAM

평가 요소
☐ 개념 이해력 ☐ 탐구 능력
■ 유창성 ■ 독창성 및 융통성
☐ 문제 파악 능력 ☐ 문제 해결 능력

교과 영역
■ 에너지 ☐ 물질 ☐ 생명 ☐ 지구

난이도 ★ ★ ☆

냄비에 물을 넣고 라면을 끓이려고 한다. 라면을 빨리 끓일 수 있는 방법을 이유와 함께 세 가지 서술하시오. [10점]

❶

❷

❸

과학 창의성
06

과학 1강

평가 영역
☐ 과학 사고력 ■ 과학 창의성
☐ 과학 STEAM

평가 요소
☐ 개념 이해력 ☐ 탐구 능력
■ 유창성 ■ 독창성 및 융통성
☐ 문제 파악 능력 ☐ 문제 해결 능력

교과 영역
☐ 에너지 ■ 물질 ☐ 생명 ☐ 지구

난이도 ★ ★ ☆

각설탕을 물에 넣으면 큰 덩어리가 부서지고 작은 덩어리로 흩어지며 아지랑이처럼 물에 녹는다. 시간이 더 지나면 각설탕은 눈에 보이지 않는다. 물에 녹은 설탕은 사라지는 것이 아니라 더 작은 입자로 나눠져 물에 골고루 섞여 있다. 물에 녹은 설탕이 사라지는 것이 아님을 확인할 수 있는 방법을 세 가지 서술하시오. [10점]

❶

❷

❸

과학 창의성
07

평가 영역
☐ 과학 사고력　■ 과학 창의성
☐ 과학 STEAM

평가 요소
☐ 개념 이해력　☐ 탐구 능력
■ 유창성　■ 독창성 및 융통성
☐ 문제 파악 능력　☐ 문제 해결 능력

교과 영역
☐ 에너지　☐ 물질　■ 생명　☐ 지구

난이도 ★ ★ ☆

꽃은 식물의 생식을 담당하는 생식 기관이다. 암술대 밑에 붙은 통통한 주머니 속에는 밑씨가 들어 있다. 꽃가루받이가 일어나면 씨방은 열매가 되고 밑씨는 수정 후 자라 씨가 된다. 식물이 한 곳에서만 계속 싹이 튼다면 양분과 공간이 부족하여 어린 식물이 잘 자라날 수가 없기 때문에 씨는 멀리 퍼져 싹이 터야 한다. 바람과 동물의 털에 붙어 씨앗이 멀리 퍼지기 위해 갖추어야 할 조건을 두 가지씩 서술하시오. [10점]

▲ 바람에 의해 퍼지는 씨앗, 민들레

▲ 동물의 몸에 붙어 퍼지는 씨앗, 도깨비 바늘

• 바람에 의해 퍼지는 씨앗

❶

❷

• 동물의 몸에 붙어 퍼지는 씨앗

❶

❷

과학 창의성

08

평가 영역

□ 과학 사고력　■ 과학 창의성
□ 과학 STEAM

평가 요소

□ 개념 이해력　□ 탐구 능력
■ 유창성　■ 독창성 및 융통성
□ 문제 파악 능력　□ 문제 해결 능력

교과 영역

□ 에너지　□ 물질　□ 생명　■ 지구

난이도 ★ ★ ☆

예비 우주인은 우주정거장의 무중력 상태에 빠르게 적응하기 위해 지구에서 다양한 훈련을 받는다. 예비 우주인이 지구에서 훈련해야 할 것을 다섯 가지 서술하시오. [10점]

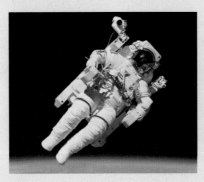 

❶

❷

❸

❹

❺

다음은 방열처리를 한 최초의 스마트폰에 관한 내용이다.

기사

스마트폰이 갈수록 얇아지고 성능을 높이기 위해 사용되는 IC 칩의 수가 늘어나고 있다. 또한 고화질 동영상, 3차원 그래픽 게임 등 발열을 일으키는 고성능 콘텐츠가 늘어나면서 스마트폰에서 많은 열이 발생한다. 이로 인해 스마트폰 부품에서 발생하는 열을 효과적으로 처리하는 방열 소재와 기술이 주목받고 있다. 스마트폰에서 발생하는 열은 부품의 수명을 단축시키고 기기 성능을 저하시키는 등 기계적 문제뿐만 아니라 저온화상과 같은 안전 문제와도 연결된다.
갤럭시 S6는 스마트폰 기판에 구리를 이용해 내부 방열 처리를 한 최초의 스마트폰이다.

평가 영역
□ 과학 사고력 □ 과학 창의성
■ 과학 STEAM

평가 요소
□ 개념 이해력 □ 탐구 능력
□ 유창성 □ 독창성 및 융통성
■ 문제 파악 능력 □ 문제 해결 능력

교과 영역
■ 에너지 ■ 물질 □ 생명 □ 지구

난이도 ★ ★ ☆

1 삼성전기는 스마트폰 회로에 구리 소재의 블록을 설치해 발열 현상을 줄였다. 구리로 전자기기의 발열 현상을 줄일 수 있는 이유를 서술하시오. [6점]

▲ CPU 쿨러 방열판

▲ 그래픽 카드 방열판

평가 영역
□ 과학 사고력　□ 과학 창의성
■ 과학 STEAM

평가 요소
□ 개념 이해력　□ 탐구 능력
□ 유창성　□ 독창성 및 융통성
□ 문제 파악 능력　■ 문제 해결 능력

교과 영역
■ 에너지　■ 물질　□ 생명　□ 지구

난이도 ★ ★ ☆

2 방열시트는 전자기기 고장 또는 오작동의 주요 원인인 발열 문제를 해결해 준다. PI 필름은 얇고 잘 휘어지며, 400 ℃ 이상의 고온과 −269 ℃의 저온에서도 변형이 없는 첨단 화학 소재다. 얇고 가벼운 방열 시트용 PI 필름을 사용할 수 있는 곳을 다섯 가지 고안하시오. [8점]

①

②

③

④

⑤

다음은 제 2의 지구로 불리는 화성에 관한 내용이다.

기사

로마 신화의 전쟁의 신 '마르스'에서 이름을 가져온 화성(Mars)은 지구에서 본 붉은 모습이 마치 전쟁의 불길을 연상시킨다. 화성은 지구와 가장 가까이 있고 얼지 않은 물이 발견되면서 생명체 존재 가능성과 함께 인류의 가장 많은 관심을 받고 있는 행성이다. 1965년 이후 지금까지 40대가 넘는 우주 탐사선이 화성을 탐사했다.

이제는 탐사에서 그치지 않고 화성에 사람을 보내는 프로젝트도 진행되고 있다. 네델란드의 '마스원(Mars One)'은 2022년에 화성 정착민이 탄 첫 번째 우주선 발사를 목표로 하고 있고, 나사 (NASA)는 2039년에 서너 명의 사람을 태운 유인 탐사선을 화성에 보낸다는 '오리온 계획'을 발표했다.

평가 영역

□ 과학 사고력 □ 과학 창의성
■ 과학 STEAM

평가 요소

□ 개념 이해력 □ 탐구 능력
□ 유창성 □ 독창성 및 융통성
■ 문제 파악 능력 □ 문제 해결 능력

교과 영역

□ 에너지 □ 물질 ■ 생명 ■ 지구

난이도 ★ ★ ☆

1 화성은 평균 온도가 −80 ℃이고 대기도 희박하며 지구보다 크기도 작지만 제 2의 지구로 불린다. 그 이유를 세 가지 서술하시오. [6점]

❶

❷

❸

2 태양계 행성들 중 화성의 환경 조건이 지구와 가장 흡사하기 때문에 과학자들은 먼 훗날 인류가 지구를 떠나 다른 행성으로 이주를 해야 한다면 화성이 1순위라고 생각하고 있고, 이러한 이유로 화성 탐사는 계속되고 있다. 화성에서 인류가 거주하기 위해 필요한 것과 그것을 얻을 수 있는 방법을 세 가지 서술하시오. [8점]

①

②

③

안쌤의 창의적 문제해결력

파이널 50제
과학2

초등
5·6
학년

과학 사고력
11

평가 영역
■ 과학 사고력 □ 과학 창의성
□ 과학 STEAM

평가 요소
■ 개념 이해력 □ 탐구 능력
□ 유창성 □ 독창성 및 융통성
□ 문제 파악 능력 □ 문제 해결 능력

교과 영역
■ 에너지 □ 물질 □ 생명 □ 지구

난이도 ★ ★ ☆

하늘이 어두워지면서 번쩍하는 빛이 보이기도 하고 큰 소리가 들리기도 한다. 일반적으로 '번쩍' 번개가 친 후 '우르르 쾅' 하는 천둥소리가 들린다. 다음 자료를 바탕으로 자신이 있는 위치에서 번개가 친 곳까지의 거리를 풀이과정과 함께 구하시오. [8점]

- 소리의 속력 : 약 340 m/s
- 빛의 속력 : 약 300,000 km/s
- 번개를 보고 난 후 천둥소리를 들을 때까지의 시간 : 5초

• 풀이과정

• 답

평가 영역
■ 과학 사고력   □ 과학 창의성
□ 과학 STEAM

평가 요소
□ 개념 이해력   ■ 탐구 능력
□ 유창성   □ 독창성 및 융통성
□ 문제 파악 능력   □ 문제 해결 능력

교과 영역
□ 에너지   ■ 물질   □ 생명   □ 지구

난이도 ★ ★ ☆

과학 **2**강

다음과 같이 같은 농도의 묽은 염산과 묽은 수산화 나트륨 혼합 용액에 마그네슘 금속 덩어리와 두부 한 조각씩을 넣었다.

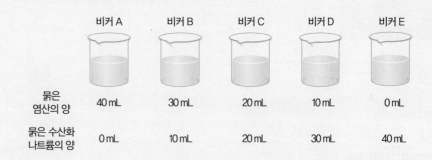

	비커 A	비커 B	비커 C	비커 D	비커 E
묽은 염산의 양	40 mL	30 mL	20 mL	10 mL	0 mL
묽은 수산화 나트륨의 양	0 mL	10 mL	20 mL	30 mL	40 mL

1 마그네슘 금속 덩어리와 두부 조각의 변화가 가장 크게 나타나는 비커를 각각 고르고 그 이유를 서술하시오. [4점]

2 위 실험 결과를 통해 알 수 있는 점을 서술하시오. [4점]

과학 사고력

13

평가 영역
■ 과학 사고력 □ 과학 창의성
□ 과학 STEAM

평가 요소
■ 개념 이해력 □ 탐구 능력
□ 유창성 □ 독창성 및 융통성
□ 문제 파악 능력 □ 문제 해결 능력

교과 영역
□ 에너지 □ 물질 ■ 생명 □ 지구

난이도 ★ ☆ ☆

폐는 근육이 없으므로 갈비뼈 사이 근육과 가로막에 의해 부피가 팽창되었다가 줄어들면서 호흡 운동을 한다. 호흡기 모형의 고무막을 당겼을 때와 놓았을 때 고무풍선의 변화를 호흡과 관련지어 서술하시오. [8점]

고무풍선

고무막

• 고무막을 당겼을 때

• 당겼던 고무막을 놓았을 때

과학 2강

평가 영역
■ 과학 사고력　□ 과학 창의성
□ 과학 STEAM

평가 요소
□ 개념 이해력　■ 탐구 능력
□ 유창성　□ 독창성 및 융통성
□ 문제 파악 능력　□ 문제 해결 능력

교과 영역
□ 에너지　□ 물질　□ 생명　■ 지구

난이도 ★ ★ ☆

집기병 안에 따뜻한 물을 담았다 버리고 향불을 2초간 넣어준 후 집기병 위에 재빨리 얼음이 담긴 페트리 접시를 올려놓는다. 시간이 지난 후 집기병과 페트리 접시에서 나타나는 변화와 원인을 서술하고 이를 안개와 이슬로 구분하시오. [8점]

얼음

뜨거운 물

평가 영역
□ 과학 사고력   ■ 과학 창의성
□ 과학 STEAM

평가 요소
□ 개념 이해력   □ 탐구 능력
■ 유창성   ■ 독창성 및 융통성
□ 문제 파악 능력   □ 문제 해결 능력

교과 영역
■ 에너지   □ 물질   □ 생명   □ 지구

난이도 ★ ★ ☆

다음과 같이 고무동력수레를 만들어 빠르기를 비교하려고 한다. 고무동력수레를 빠르게 움직이도록 할 수 있는 방법을 세 가지 서술하시오. [10점]

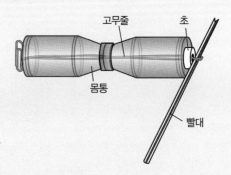

①

②

③

과학 창의성
16

평가 영역
☐ 과학 사고력 ■ 과학 창의성
☐ 과학 STEAM

평가 요소
☐ 개념 이해력 ☐ 탐구 능력
■ 유창성 ■ 독창성 및 융통성
☐ 문제 파악 능력 ☐ 문제 해결 능력

교과 영역
☐ 에너지 ■ 물질 ☐ 생명 ☐ 지구

난이도 ★ ★ ☆

첨가물이 많이 들어간 샴푸 대신 천연 비누로 머리를 감는 사람들이 늘어나고 있다. 염기성인 비누로 머리를 감아 때를 제거하고 산성 용액인 식초를 물에 풀어 헹구면 비누가 중화되어 머리카락이 부드러워진다. 이처럼 일상생활에서 산과 염기를 섞어 사용하는 경우와 효과를 다섯 가지 서술하시오. [10점]

❶

❷

❸

❹

❺

평가 영역

□ 과학 사고력 ■ 과학 창의성
□ 과학 STEAM

평가 요소

□ 개념 이해력 □ 탐구 능력
■ 유창성 ■ 독창성 및 융통성
□ 문제 파악 능력 □ 문제 해결 능력

교과 영역

□ 에너지 □ 물질 ■ 생명 □ 지구

난이도 ★ ★ ☆

운동할 때 나타나는 우리 몸의 변화를 우리 몸을 구성하는 기관 별로 구분하여 원인과 함께 서술하시오. [10점]

①

②

③

④

⑤

과학 창의성

18

평가 영역
☐ 과학 사고력 ■ 과학 창의성
☐ 과학 STEAM

평가 요소
☐ 개념 이해력 ☐ 탐구 능력
■ 유창성 ■ 독창성 및 융통성
☐ 문제 파악 능력 ☐ 문제 해결 능력

교과 영역
☐ 에너지 ☐ 물질 ☐ 생명 ■ 지구

난이도 ★ ★ ☆

바람이 부는 원리를 알아보기 위해 다음과 같이 실험했다.

[실험 방법]

① 사각 접시 두 개에 모래와 물을 담는다.

② 열 전구를 사용하여 10분간 가열한다.

③ 모래와 물을 투명 상자로 덮는다.

④ 투명 상자 옆면의 구멍으로 향불을 10초간 집어 넣고 꺼낸다.

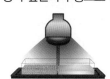 

실험 결과 향연기의 움직임이 뚜렷하지 않았다. 향연기의 움직임을 뚜렷하게 하기 위한 방법을 두 가지 서술하시오. [10점]

①

②

다음은 인공강우에 대한 기사이다.

> **기사**
>
> 2007년 6월 중국 랴오닝성에 56년 만에 찾아온 최악의 가뭄을 해갈한 단비가 내렸다. 인공강우용 로켓 1,500발을 발사해 2억 8,300만 톤의 비가 내리도록 했다.
>
> 인공강우의 역사는 이미 반세기가 넘었다. 1945년 미국 물리학자가 비행기를 타고 4천 m 상공에서 드라이아이스와 아이오딘화 은 등의 응결핵을 뿌려 인공 눈을 최초로 선보였다. 인공강우는 빙결(미세한 얼음조각), 구름방울 등으로 이뤄진 구름이 응결핵을 만나 눈, 비로 내리는 원리이다.
>
> 우리나라에서는 2007년부터 연구를 시작해 지금까지 인공강우 실험을 20여 차례 실시했다. 아직까지 인공강우 기술은 어느 나라에서도 실용화 단계에 도달하지 못했다. 이 때문에 가뭄 예측을 통한 선제 대응도 가뭄 대책만큼 중요하다.
>
>

평가 영역

□ 과학 사고력 □ 과학 창의성
■ 과학 STEAM

평가 요소

□ 개념 이해력 □ 탐구 능력
□ 유창성 □ 독창성 및 융통성
■ 문제 파악 능력 □ 문제 해결 능력

교과 영역

□ 에너지 ■ 물질 □ 생명 ■ 지구

난이도 ★ ★ ★

1 아무리 좋은 기술이 있어도 사막에서 인공강우를 진행하기 어렵다. 인공강우를 진행하기 위한 조건을 서술하시오. [6점]

평가 영역
□ 과학 사고력 □ 과학 창의성
■ 과학 STEAM

평가 요소
□ 개념 이해력 □ 탐구 능력
□ 유창성 □ 독창성 및 융통성
□ 문제 파악 능력 ■ 문제 해결 능력

교과 영역
□ 에너지 ■ 물질 ■ 생명 ■ 지구

난이도 ★ ★ ☆

2 인공강우는 가뭄을 해결하고 홍수를 막는 좋은 방법이다. 하지만 인공강우에 사용되는 응결핵이 환경에 미치는 영향이 아직 연구되지 않았고 많은 양의 응결핵이 필요하기 때문에 막대한 자금이 필요하며, 인위적인 날씨 조작이 해당 지역에는 효과가 있지만 주변 지역에는 또 다른 피해를 주는 등 부작용도 있다. 인공강우를 대신해 가뭄에 대처할 수 있는 방법을 세 가지 서술하시오. [8점]

①

②

③

다음은 역류성 식도염에 대한 내용이다.

기사

매주 한 번 이상, 일상생활에 지장을 받을 정도로 심한 속 쓰림이 있다면 역류성 식도염을 의심해 봐야 한다. 역류성 식도염이란 위의 내용물이나 위산이 식도로 역류하여 발생하는 식도의 염증 증상이다. 과도한 스트레스, 불규칙한 식사 시간, 자극적인 음식 섭취, 늦은 밤 야식을 먹고 바로 눕거나 잠드는 것, 복부를 지나치게 조이는 옷을 자주 입는 것 등 잘못된 생활 습관이 역류성 식도염의 원인이 된다. 특히 과식을 하면 위의 압력이 높아져 역류하는 현상이 일어나기 쉽다.

역류성 식도염 증상이 있다면 위산 분비를 억제하는 등 약물치료가 요구된다. 4주 정도 약을 복용하면 비교적 증상이 호전된다.

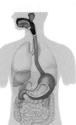

1 위에서는 강한 위산이 분비된다. 위산의 역할을 서술하시오. [6점]

평가 영역

□ 과학 사고력 □ 과학 창의성
■ 과학 STEAM

평가 요소

□ 개념 이해력 □ 탐구 능력
□ 유창성 □ 독창성 및 융통성
■ 문제 파악 능력 □ 문제 해결 능력

교과 영역

□ 에너지 ■ 물질 ■ 생명 □ 지구

난이도 ★ ★ ☆

평가 영역

□ 과학 사고력 □ 과학 창의성
■ 과학 STEAM

평가 요소

□ 개념 이해력 □ 탐구 능력
□ 유창성 □ 독창성 및 융통성
□ 문제 파악 능력 ■ 문제 해결 능력

교과 영역

□ 에너지 ■ 물질 ■ 생명 □ 지구

난이도 ★ ★ ☆

2 속이 쓰릴 때 먹는 제산제가 염기성인지 확인하는 실험을 하려고 한다. 가능한 실험 방법과 결과를 다섯 가지 서술하시오. [8점]

①

②

③

④

⑤

안쌤의 창의적 문제해결력

파이널 50제
과학 3

과학 사고력

21

평가 영역

■ 과학 사고력　□ 과학 창의성
□ 과학 STEAM

평가 요소

■ 개념 이해력　□ 탐구 능력
□ 유창성　□ 독창성 및 융통성
□ 문제 파악 능력　□ 문제 해결 능력

교과 영역

■ 에너지　□ 물질　□ 생명　□ 지구

난이도 ★ ★ ★

압축 공기를 채운 고압 용기를 이용해 물속에서 호흡하며 바닷속을 탐험하는 스포츠를 스쿠버 다이빙이라고 한다. 스쿠버 다이버가 호흡을 하면 물속에 동그란 기포가 생긴다. 스쿠버 다이버가 내뿜은 공기 방울을 통해 물고기를 보면 어떻게 보일지 이유와 함께 서술하시오. [8점]

과학 사고력

22

평가 영역

■ 과학 사고력 □ 과학 창의성
□ 과학 STEAM

평가 요소

□ 개념 이해력 ■ 탐구 능력
□ 유창성 □ 독창성 및 융통성
□ 문제 파악 능력 □ 문제 해결 능력

교과 영역

□ 에너지 ■ 물질 □ 생명 □ 지구

난이도 ★ ★ ☆

요즘 물총은 방아쇠를 당긴다고 무조건 물이 나가는 것이 아니라 물총의 아랫부분에 있는 피스톤 장치를 앞뒤로 수차례 움직여 준 후 방아쇠를 당겨야 한다. 그 이유를 기체의 압력과 관련지어 서술하시오. [8점]

과학 사고력

23

평가 영역
■ 과학 사고력　□ 과학 창의성
□ 과학 STEAM

평가 요소
□ 개념 이해력　■ 탐구 능력
□ 유창성　□ 독창성 및 융통성
□ 문제 파악 능력　□ 문제 해결 능력

교과 영역
□ 에너지　□ 물질　■ 생명　□ 지구

난이도 ★ ★ ☆

유엔 산하 국제해사기구(IMO)에 따르면 연간 50억 톤 이상의 평형수가 외항 선을 통해 국경을 넘어 이동하고 있다. 평형수란 선박의 수평을 맞추기 위해 사용하는 물이다. 그러나 선박의 안전 항해에 절대적으로 필요한 평형수가 해양 생태계를 파괴하는 주범이 된다고 한다. 평형수가 해양 생태계를 파괴 하는 주범이 되는 이유를 추리하여 서술하시오. [8점]

과학 사고력 24

평가 영역
- ■ 과학 사고력 □ 과학 창의성
- □ 과학 STEAM

평가 요소
- ■ 개념 이해력 □ 탐구 능력
- □ 유창성 □ 독창성 및 융통성
- □ 문제 파악 능력 □ 문제 해결 능력

교과 영역
- □ 에너지 □ 물질 □ 생명 ■ 지구

난이도 ★ ★ ☆

음력 8월 15일 추석, 저녁 6시 10분에 동쪽 하늘에서 보름달이 떴다. 다음날에도 달이 뜨는 것을 보기 위해 어제와 같은 시간인 저녁 6시 10분에 동쪽 하늘을 바라보았지만 달이 뜨지 않았다. 달은 50분을 기다린 후 7시에 떴다. 달이 뜨는 시간이 늦어지는 이유를 서술하시오. [8점]

▲ 음력 8월 15일 저녁 6시 10분

▲ 음력 8월 16일 저녁 7시 00분

평가 영역
☐ 과학 사고력　■ 과학 창의성
☐ 과학 STEAM

평가 요소
☐ 개념 이해력　☐ 탐구 능력
■ 유창성　■ 독창성 및 융통성
☐ 문제 파악 능력　☐ 문제 해결 능력

교과 영역
■ 에너지　☐ 물질　☐ 생명　☐ 지구

난이도 ★ ★ ☆

광원에서 나온 빛이 물체에 도달하여 다음 그림과 같이 반사되어 광원으로 되돌아가는 것을 재귀반사라고 한다. 도로 표지판은 차량 전조등에서 나온 빛이 재귀반사되어 반짝이므로 전기를 사용하지 않아도 야간에 반짝인다. 생활 속에서 이 원리를 적용할 수 있는 아이디어를 세 가지 서술하시오. [10점]

①

②

③

과학 창의성

26

평가 영역
□ 과학 사고력　■ 과학 창의성
□ 과학 STEAM

평가 요소
□ 개념 이해력　□ 탐구 능력
■ 유창성　■ 독창성 및 융통성
□ 문제 파악 능력　□ 문제 해결 능력

교과 영역
□ 에너지　■ 물질　□ 생명　□ 지구

난이도 ★ ★ ☆

최근 하나둘씩 생겨나고 있는 질소 아이스크림은 냉장고의 전유물이었던 아이스크림을 즉석의 영역으로 끌어왔다. 우유를 기본으로 하는 아이스크림 믹스를 −196 ℃의 액화 질소를 이용해 빠르게 얼려 즉석에서 아이스크림을 만든다. 질소 아이스크림을 만드는 기계는 아이스크림 믹스를 얼릴 때 얼음처럼 단단해지지 않도록 끊임없이 얼어붙은 아이스크림을 부수고 뒤섞는다. 질소 아이스크림은 다른 아이스크림에 비해 어떤 장점이 있을지 추리하여 두 가지 서술하시오. [10점]

❶

❷

과학 창의성
27

평가 영역
- ☐ 과학 사고력 ■ 과학 창의성
- ☐ 과학 STEAM

평가 요소
- ☐ 개념 이해력 ☐ 탐구 능력
- ■ 유창성 ■ 독창성 및 융통성
- ☐ 문제 파악 능력 ☐ 문제 해결 능력

교과 영역
- ☐ 에너지 ☐ 물질 ■ 생명 ☐ 지구

난이도 ★ ★ ☆

생물이 오랜 시간이 지남에 따라 환경에 맞추어 살아가는 것을 적응이라고 한다. 현재보다 기온이 5~10 ℃ 낮고 얼음으로 덮여 있는 등 빙하기가 다시 찾아온다면 사람이 어떻게 적응해야 할지 세 가지 서술하시오. [10점]

①

②

③

과학 창의성

28

평가 영역
□ 과학 사고력　■ 과학 창의성
□ 과학 STEAM

평가 요소
□ 개념 이해력　□ 탐구 능력
■ 유창성　■ 독창성 및 융통성
□ 문제 파악 능력　□ 문제 해결 능력

교과 영역
□ 에너지　□ 물질　□ 생명　■ 지구

난이도 ★ ★ ★

지구는 끊임없이 자전과 공전을 하며 움직이지만 우리는 지구가 움직이는 모습을 눈으로 볼 수 없다. 대신 지구의 자전과 공전에 의해 나타나는 다양한 현상을 관찰할 수 있다. 계절에 따라 보이는 별자리가 달라지는 것은 지구가 공전하기 때문이다. 지구의 자전에 의해 나타나는 현상을 세 가지 서술하시오. [10점]

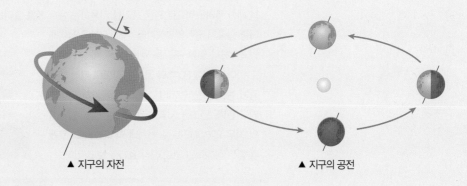

▲ 지구의 자전　　　　　▲ 지구의 공전

①

②

③

과학 STEAM

29

평가 영역

☐ 과학 사고력 ☐ 과학 창의성
■ 과학 STEAM

평가 요소

☐ 개념 이해력 ☐ 탐구 능력
☐ 유창성 ☐ 독창성 및 융통성
■ 문제 파악 능력 ☐ 문제 해결 능력

교과 영역

■ 에너지 ☐ 물질 ☐ 생명 ■ 지구

난이도 ★ ★ ★

다음은 항공기의 무게를 줄여 연료 소모를 줄이고 이산화 탄소 배출도 줄이려는 비행기 다이어트에 관한 내용이다.

> **기사**
>
> 연일 치솟는 기름값에 연료비를 줄이기 위한 항공사들의 노력이 필사적이다. 비행거리를 단축할 수 있는 하늘의 지름길을 이용하고 장비를 개선하는 것은 물론이고 기내 책자를 작게 하고 알루미늄 대신 플라스틱으로 만든 용기를 사용하는 등 무게를 줄이는 다양한 방법을 시도하고 있다.
>
> 대형 항공기들은 연료절감을 위해 지상에 착륙해 입국장까지 일부 구간을 엔진을 끈 채 운행하기도 하며, 엔진에 80 ℃의 물을 고압으로 뿌려 엔진 공기 통로에 낀 먼지나 기름때를 꼼꼼히 씻어내기도 한다. 건조한 지역을 비행하는 일부 항공기의 경우 외부 페인트를 벗겨내 약 400 kg의 무게를 줄여 상대적인 연료 절감 효과를 보고 있다.
>
>
> △ 페인트를 벗겨낸 항공기

1 인천에서 런던으로 비행할 때, 갈 때는 12시간 10분이 걸리지만 런던에서 인천으로 올 때는 10시간 50분이 걸린다. 같은 지역을 오고 가는데 1시간 20분의 시간 차이가 생기는 이유를 추리하여 서술하시오. [6점]

2 비행기는 덩치만큼이나 엄청난 양의 연료를 소비한다. 비행 중에 소모하는 연료비는 기종과 엔진의 종류에 따라 다르지만 일반적으로 서울에서 제주도까지 1시간을 비행하는 데 12,400 L의 기름을 소모하고, 인천에서 로스앤젤레스까지 12시간 비행하는 데 172,000 L를 소모한다. 인천−로스앤젤레스 비행의 연료비는 6,200만 원을 넘는다. 이러한 이유로 각 항공사는 최적의 비행 항로를 찾기 위해 노력한다. 인천에서 런던으로 가는 최적의 비행 항로를 찾아 지도 위에 그리고 이유를 서술하시오. [8점]

평가 영역
☐ 과학 사고력　☐ 과학 창의성
■ 과학 STEAM

평가 요소
☐ 개념 이해력　☐ 탐구 능력
☐ 유창성　☐ 독창성 및 융통성
☐ 문제 파악 능력　■ 문제 해결 능력

교과 영역
■ 에너지　☐ 물질　☐ 생명　■ 지구

난이도 ★ ★ ☆

다음은 도로나 댐 등의 건설로 야생동물이 서식지를 잃는 것을 방지하기 위해 야생동물이 지나는 길을 인공적으로 만든 생태통로에 관한 내용이다.

기사

2013년 6월 일제에 의해 끊어졌던 백두대간 '육십령' 구간이 88년 만에 복원되었다. 백두산에서 지리산까지 한반도의 중심축 백두대간은 1,400 km 구간의 울창한 숲이 이어져 다양한 생태축을 이룬다. 하지만 일제는 민족의 정기를 막기 위해 남한에만 무려 17 곳의 고갯길을 고의로 끊어버렸다. 이 가운데 영호남을 가로지르는 유일한 고갯길, 육십령에 43 m 길이의 터널을 만들고 그 위에 소나무와 자생식물을 심어 생태통로를 조성했다.

단절돼 있던 백두대간의 육십령 고개를 잇는 생태통로를 조성한 결과 밤에 고라니로 추정되는 동물이 지나가는 모습이 촬영되었다.

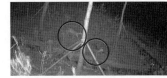

그러나 야생동물들의 이동을 위해 만들어진 수많은 생태통로가 유명무실한 것으로 드러났다. 국토부가 전국의 생태통로 89 곳의 실태를 점검한 결과, 절반이 넘는 48 곳에서 야생동물들이 오간 흔적이 발견되지 않았다.

평가 영역

□ 과학 사고력 □ 과학 창의성
■ 과학 STEAM

평가 요소

□ 개념 이해력 □ 탐구 능력
□ 유창성 □ 독창성 및 융통성
■ 문제 파악 능력 □ 문제 해결 능력

교과 영역

□ 에너지 □ 물질 ■ 생명 ■ 지구

난이도 ★ ★ ☆

1 도심에서 야생동물이 주택가에 나타나고 특히 새들이 부상을 입은 뒤 발견되는 경우가 잦은 이유를 서술하시오. [6점]

② 최근 수원 광교 신도시에 설치된 10개의 생태통로가 처음부터 기능을 할 수 없는 것이었다고 지적되고 있다. 일부 전문가들은 생태통로가 동물에게 익숙해지는 데는 시간이 걸리기 때문에 시간이 지나면 생태통로의 기능은 저절로 자리 잡을 것이라고 했지만 실제로는 그렇지 않았다. 생태통로가 제 기능을 하기 위해서 갖추어야 할 조건을 다섯 가지 서술하시오. [8점]

❶

❷

❸

❹

❺

안쌤의 창의적 문제해결력

파이널 50제

과학4

평가 영역
■ 과학 사고력 □ 과학 창의성
□ 과학 STEAM

평가 요소
□ 개념 이해력 ■ 탐구 능력
□ 유창성 ■ 독창성 및 융통성
□ 문제 파악 능력 □ 문제 해결 능력

교과 영역
■ 에너지 □ 물질 □ 생명 □ 지구

난이도 ★ ★ ☆

정전식 방식의 터치스크린은 액정 유리에 전기가 통하는 화합물을 코팅하여 전류가 계속 흐르게 한다. 액정 유리에 손가락이 닿으면 액정 위를 흐르던 전자가 손가락이 닿은 부분으로 끌려오므로 터치스크린의 센서가 이를 감지하여 입력을 판별한다.

위 사진과 같은 정전식 터치스크린의 터치펜을 우리 주변에 있는 물체로 만들려고 한다. 휴대가 편하고 잘 인식되는 터치펜을 [주어진 물체]를 이용하여 설계하시오. [8점]

> **[주어진 물체]** 볼펜, 면봉, 알루미늄 포일, 물

평가 영역

■ 과학 사고력　□ 과학 창의성
□ 과학 STEAM

평가 요소

■ 개념 이해력　□ 탐구 능력
□ 유창성　□ 독창성 및 융통성
□ 문제 파악 능력　□ 문제 해결 능력

교과 영역

□ 에너지　■ 물질　□ 생명　□ 지구

난이도 ★ ★ ☆

공기를 넣은 고무풍선과 물을 넣은 고무풍선을 다음과 같이 알코올램프로 가열하면 어떻게 될지 이유와 함께 각각 서술하시오. [8점]

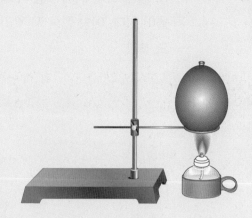

• 공기를 넣은 고무풍선

_____

_____

_____

_____

• 물을 넣은 고무풍선

_____

_____

_____

_____

_____

_____

_____

_____

평가 영역

■ 과학 사고력 □ 과학 창의성
□ 과학 STEAM

평가 요소

■ 개념 이해력 □ 탐구 능력
□ 유창성 □ 독창성 및 융통성
□ 문제 파악 능력 □ 문제 해결 능력

교과 영역

□ 에너지 □ 물질 ■ 생명 □ 지구

난이도 ★ ★ ★

병을 일으키는 세균이나 바이러스가 우리 몸에 들어와서 활동하면 병에 걸린다. 이를 막기 위해 병에 걸리기 전에 예방 접종을 한다. 예방 접종은 병을 앓지 않게 하기 위해 맞는 주사인데 실제 주사액에는 병을 일으키는 병원균이 들어 있다. 예방 접종 시 우리 몸에 병원균을 넣는 이유를 추리하여 서술하시오. [8점]

평가 영역
■ 과학 사고력 □ 과학 창의성
□ 과학 STEAM

평가 요소
□ 개념 이해력 ■ 탐구 능력
□ 유창성 □ 독창성 및 융통성
□ 문제 파악 능력 □ 문제 해결 능력

교과 영역
□ 에너지 □ 물질 □ 생명 ■ 지구

난이도 ★ ★ ☆

우리나라는 일 년 동안 봄, 여름, 가을, 겨울의 계절 변화가 생긴다. 우리나라에서 계절이 생기는 이유를 알아보기 위해 지구의에 태양고도 측정기와 시간판을 붙이고 전등을 중심으로 공전시켜 보았다. 지구의가 (나)와 (라)의 위치에 있을 때 우리나라의 태양고도 측정기와 낮의 길이 변화, 계절을 비교하여 서술하시오. [8점]

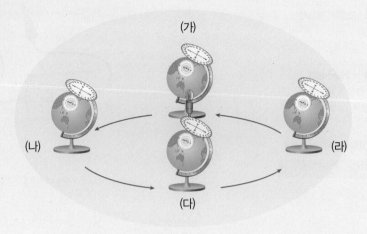

평가 영역
□ 과학 사고력 ■ 과학 창의성
□ 과학 STEAM

평가 요소
□ 개념 이해력 □ 탐구 능력
■ 유창성 ■ 독창성 및 융통성
□ 문제 파악 능력 □ 문제 해결 능력

교과 영역
■ 에너지 □ 물질 □ 생명 □ 지구

난이도 ★ ★ ☆

볼트와 같은 철심 주위를 전선으로 여러 겹 감은 후 고정하고 전지와 연결하여 전자석을 만들었다. 전자석의 세기를 확인할 수 있는 방법을 세 가지 서술하시오. [10점]

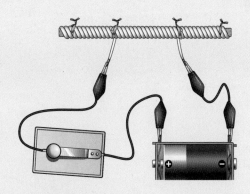

1

2

3

과학 창의성
36

평가 영역

☐ 과학 사고력 ■ 과학 창의성
☐ 과학 STEAM

평가 요소

☐ 개념 이해력 ☐ 탐구 능력
■ 유창성 ☐ 독창성 및 융통성
☐ 문제 파악 능력 ☐ 문제 해결 능력

교과 영역

☐ 에너지 ■ 물질 ☐ 생명 ☐ 지구

난이도 ★ ★ ☆

불을 끄는 방법은 탈 물질을 제거하거나 공기 중의 산소를 차단하거나 발화점 이하로 온도를 낮추면 된다. 생활 속에서 연소의 조건(탈 물질, 산소, 발화점 이상의 온도)을 제거하여 불을 끄는 방법을 각각 두 가지씩 서술하시오. [10점]

• 탈 물질 제거

①

②

• 산소 차단

①

②

• 발화점 이하로 온도 낮추기

①

②

평가 영역

☐ 과학 사고력 ■ 과학 창의성
☐ 과학 STEAM

평가 요소

☐ 개념 이해력 ☐ 탐구 능력
■ 유창성 ☐ 독창성 및 융통성
☐ 문제 파악 능력 ☐ 문제 해결 능력

교과 영역

☐ 에너지 ☐ 물질 ■ 생명 ☐ 지구

난이도 ★ ★ ☆

미생물학자 플레밍은 푸른 곰팡이가 세균을 죽이는 것을 보고 푸른 곰팡이에서 페니실린을 발견했다. 페니실린은 무서운 전염병을 일으키는 병원균을 죽이고 제2차 세계대전 중에 많은 환자의 목숨을 구했다. 페니실린처럼 생물을 과학적으로 이용하여 우리 생활에 도움을 주는 것을 생명 과학이라고 한다. 첨단 생명 과학이 활용되는 예를 다섯 가지 서술하시오. [10점]

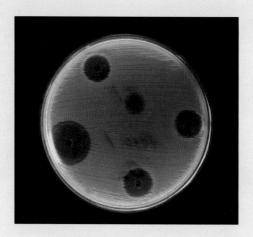

❶

❷

❸

❹

❺

평가 영역
☐ 과학 사고력 ■ 과학 창의성
☐ 과학 STEAM

평가 요소
☐ 개념 이해력 ☐ 탐구 능력
■ 유창성 ■ 독창성 및 융통성
☐ 문제 파악 능력 ☐ 문제 해결 능력

교과 영역
☐ 에너지 ☐ 물질 ☐ 생명 ■ 지구

난이도 ★ ★ ★

태양전지는 태양빛을 전기 에너지로 전환하는 장치이고 태양광 발전소는 태양 전지로 전기를 만드는 발전소이다. 2008년 7월 본격 가동에 들어간 LG 태안 태양광 발전소는 대한민국 최대의 태양광 발전소이며 발전 효율은 17 %이다. 태양전지의 발전 효율을 높일 수 있는 방법을 세 가지 서술하시오. [10점]

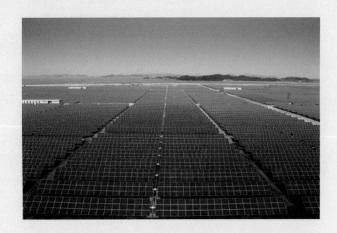

❶

❷

❸

다음은 헤어드라이어에 의한 화재에 관한 내용이다.

기사

2014년 6월 19일 헤어드라이어 과열로 인해 화재가 발생하여 집 전체와 집기가 그을려 재산 피해가 났다. A씨가 외출을 한 사이 헤어드라이어가 약 13분 동안 작동되어 과열됐다. A씨는 이날 오전 10시 10분쯤 전기공사로 이 아파트에 전기가 단전됐을 당시 헤어드라이어를 사용하려다 작동하지 않자 전원을 켜둔 채 그대로 외출했고, 10시 30분쯤 아파트에 전기가 다시 공급되어 헤어드라이어가 작동되었던 것이다.

전원 코드를 콘센트에 꽂아 두고 한 번도 빼지 않는 경우 콘센트 부근에 먼지가 끼어 화재가 발생하는 경우가 빈번하고, 특히 여름철에는 선풍기 과열로 화재가 자주 발생한다. 문어발식으로 콘센트를 연결하지 않고 콘센트 주변의 청결을 유지해야 하며, 선풍기 모터에 쌓인 먼지는 반드시 제거해야 한다.

평가 영역
□ 과학 사고력   □ 과학 창의성
■ 과학 STEAM

평가 요소
□ 개념 이해력   □ 탐구 능력
□ 유창성   □ 독창성 및 융통성
■ 문제 파악 능력   □ 문제 해결 능력

교과 영역
■ 에너지   ■ 물질   □ 생명   □ 지구

난이도 ★ ★ ☆

1 요즘 헤어드라이어는 오래 사용하면 자동으로 꺼졌다가 시간이 지나면 다시 작동한다. 헤어드라이어가 자동으로 꺼지고 켜지는 원리를 서술하시오. [6점]

 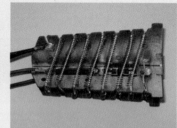

평가 영역

□ 과학 사고력 □ 과학 창의성

■ 과학 STEAM

평가 요소

□ 개념 이해력 □ 탐구 능력

□ 유창성 □ 독창성 및 융통성

□ 문제 파악 능력 ■ 문제 해결 능력

교과 영역

■ 에너지 ■ 물질 □ 생명 □ 지구

난이도 ★ ★ ☆

2 헤어드라이어가 자동으로 켜지고 꺼지는 원리를 활용할 수 있는 방법을 다섯 가지 고안하고 장점을 서술하시오. [8점]

①

②

③

④

⑤

최근 중국에서 날아오는 스모그로 인해 우리나라 하늘이 뿌옇게 흐려졌다. 다음은 스모그에 관한 내용이다.

기사

중국 하늘을 뒤덮은 스모그는 산업화에 매달리느라 대기 환경을 소홀히 했던 우리나라의 옛 시절을 떠올리게 한다. 우리도 연탄을 때고 유연휘발유를 쓰던 시절에 베이징 못지않은 스모그에 시달렸다. 우리나라 공기가 깨끗해진 것은 연료를 도시가스로 바꾸고 정유회사들이 탈황시설에 많은 투자를 한 결과다. 중국이 '세계의 공장'으로 막대한 돈을 벌어들이고 있지만, 그 대가로 공기의 질과 국민 건강을 희생하고 있다.

베이징의 스모그는 서쪽에서 동쪽으로 부는 편서풍으로 인해 서해 상공을 지나 한반도까지 넘어온다. 난방을 많이 하는 겨울철임을 감안해도 한국 주요 도시의 미세먼지 농도가 평소보다 2~3배 높다. 미세먼지(PM-10)는 일반 먼지와는 달리 기도를 거쳐 폐로 잘 들어가므로 위험하다.

1 연료로 석탄을 사용하는 것보다 도시가스(메테인, LNG)를 사용할 때 공기가 깨끗해지는 이유를 서술하시오. [6점]

◎ 석탄

◎ 도시가스(메테인, LNG)

평가 영역

☐ 과학 사고력 ☐ 과학 창의성
■ 과학 STEAM

평가 요소

☐ 개념 이해력 ☐ 탐구 능력
☐ 유창성 ☐ 독창성 및 융통성
■ 문제 파악 능력 ☐ 문제 해결 능력

교과 영역

☐ 에너지 ■ 물질 ☐ 생명 ■ 지구

난이도 ★ ★ ☆

평가 영역
☐ 과학 사고력 ☐ 과학 창의성
■ 과학 STEAM

평가 요소
☐ 개념 이해력 ☐ 탐구 능력
☐ 유창성 ☐ 독창성 및 융통성
☐ 문제 파악 능력 ■ 문제 해결 능력

교과 영역
■ 에너지 ■ 물질 ☐ 생명 ☐ 지구

난이도 ★ ★ ☆

2 불완전 연소로 인한 자동차의 매연도 스모그의 주범이다. 자동차의 엔진 속에서 연료가 불완전 연소하는 이유는 필터에 공기가 잘 통하지 않고 걸러진 공기도 느리게 엔진으로 흡입되어 연료와 원활하게 혼합되지 않기 때문이다. 이를 해결하기 위한 장치를 고안하고 원리와 함께 서술하시오. [8점]

안쌤의 창의적 문제해결력

파이널 50제
과학5

초등
5·6
학년

과학 사고력
41

평가 영역
■ 과학 사고력 □ 과학 창의성
□ 과학 STEAM

평가 요소
□ 개념 이해력 ■ 탐구 능력
□ 유창성 □ 독창성 및 융통성
□ 문제 파악 능력 □ 문제 해결 능력

교과 영역
■ 에너지 □ 물질 □ 생명 □ 지구

난이도 ★ ★ ★

아이스크림 튀김은 뜨거움과 차가움이 어우러진 신기한 맛이다. 아이스크림 튀김은 적당량의 아이스크림에 탄산수소 나트륨이 포함된 빵가루 옷을 입힌 후 고온의 기름에 재빨리 튀겨낸다. 뜨거운 기름 속에서 아이스크림이 녹지 않고 차가움을 유지할 수 있는 이유를 추리하여 서술하시오. [8점]

과학 사고력
42

평가 영역
■ 과학 사고력　□ 과학 창의성
□ 과학 STEAM

평가 요소
■ 개념 이해력　□ 탐구 능력
□ 유창성　□ 독창성 및 융통성
□ 문제 파악 능력　□ 문제 해결 능력

교과 영역
□ 에너지　■ 물질　□ 생명　□ 지구

난이도 ★ ★ ☆

물이 든 페트리 접시에 초를 세우고 불을 붙인 후 촛불이 활활 탈 때 비커로 촛불을 덮으면 촛불이 꺼지면서 비커 안으로 물이 들어온다. 비커로 촛불을 덮었을 때 나타나는 두 현상의 원인을 각각 서술하시오. [8점]

• 촛불이 꺼지는 이유

• 비커 안으로 물이 들어오는 이유

과학 사고력 43

평가 영역
■ 과학 사고력 □ 과학 창의성
□ 과학 STEAM

평가 요소
■ 개념 이해력 □ 탐구 능력
□ 유창성 □ 독창성 및 융통성
□ 문제 파악 능력 □ 문제 해결 능력

교과 영역
□ 에너지 □ 물질 ■ 생명 □ 지구

난이도 ★ ★ ☆

20세기 초, 미국 애리조나주의 카이바브 고원에 사슴과 늑대, 퓨마가 공존하고 있었다. 사람들은 사슴을 보호하기 위해서 1907년 퓨마와 늑대 사냥을 허용했다. 사냥꾼들이 퓨마와 늑대를 사냥하기 시작하면서 나타난 카이바브 고원의 생태계 변화를 단계적으로 서술하시오. [8점]

❶

❷

❸

과학 사고력

44

평가 영역

■ 과학 사고력 □ 과학 창의성
□ 과학 STEAM

평가 요소

□ 개념 이해력 ■ 탐구 능력
□ 유창성 □ 독창성 및 융통성
□ 문제 파악 능력 □ 문제 해결 능력

교과 영역

□ 에너지 □ 물질 □ 생명 ■ 지구

난이도 ★ ★ ★

평창과 강릉은 우리나라의 동쪽 강원도 지방의 비슷한 위도에 위치한 지역이
다. 그러나 겨울에 평창은 춥고 눈이 많이 내리지만, 강릉은 평창에 비해 따
뜻하고 눈도 덜 내린다. 이러한 차이는 동쪽에 발달한 태백산맥의 영향이다.
태백산맥이 평창과 강릉의 겨울 날씨에 어떠한 영향을 주는지 추리하여 서술
하시오. [8점]

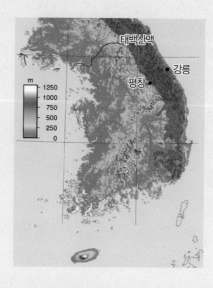

과학 창의성

45

평가 영역

□ 과학 사고력 ■ 과학 창의성
□ 과학 STEAM

평가 요소

□ 개념 이해력 □ 탐구 능력
■ 유창성 ■ 독창성 및 융통성
□ 문제 파악 능력 □ 문제 해결 능력

교과 영역

■ 에너지 □ 물질 □ 생명 □ 지구

난이도 ★ ★ ☆

볼록 렌즈를 이용하여 만든 간이 사진기로 멀리 있는 풍경을 보면 상하좌우가 바뀌어 보인다. 검은색 골판지 가운데에 사각형 구멍을 뚫고 사각형 구멍 앞에 여러 가지 물체를 놓고 멀리 있는 풍경을 볼 때, 간이 사진기와 같은 모습으로 보이는 경우를 세 가지 서술하시오. [10점]

❶

❷

❸

평가 영역

☐ 과학 사고력　■ 과학 창의성
☐ 과학 STEAM

평가 요소

☐ 개념 이해력　☐ 탐구 능력
■ 유창성　■ 독창성 및 융통성
☐ 문제 파악 능력　☐ 문제 해결 능력

교과 영역

☐ 에너지　■ 물질　☐ 생명　☐ 지구

난이도 ★ ★ ★

세 개의 비커에 진하기가 다른 소금물 용액이 들어 있다. 소금물 용액의 진하기를 비교할 수 있는 방법을 세 가지 서술하시오. [10점]

▲ 소금물 A

▲ 소금물 B

▲ 소금물 C

❶

❷

❸

과학 창의성
47

평가 영역
□ 과학 사고력 ■ 과학 창의성
□ 과학 STEAM

평가 요소
□ 개념 이해력 □ 탐구 능력
■ 유창성 ■ 독창성 및 융통성
□ 문제 파악 능력 □ 문제 해결 능력

교과 영역
□ 에너지 □ 물질 ■ 생명 □ 지구

난이도 ★ ★ ☆

큰 유리병에 식물을 심고 덮개를 씌워서 햇빛이 드는 창가에 두고 기르는 방법을 테라리움이라고 한다. 밀폐된 테라리움에서 식물이 살아가는 데 필요한 물질 네 가지와 각 물질을 어떻게 얻는지 서술하시오. [10점]

❶

❷

❸

❹

평가 영역
☐ 과학 사고력　■ 과학 창의성
☐ 과학 STEAM

평가 요소
☐ 개념 이해력　☐ 탐구 능력
■ 유창성　■ 독창성 및 융통성
☐ 문제 파악 능력　☐ 문제 해결 능력

교과 영역
■ 에너지　■ 물질　☐ 생명　■ 지구

난이도 ★ ★ ☆

태양계의 행성에 대한 탐사는 1962년 금성으로부터 3만 5,000 km 되는 곳을 통과한 미국의 마리너(Mariner) 2호로 시작됐다. 금성에 생명체가 살고 있는지 확인하기 위하여 탐사선과 탐사로봇을 보내어 직접 착륙하여 탐사하는 계획을 세우고 있다. 금성 탐사에 필요한 장비를 다섯 가지를 이유와 함께 서술하시오. [10점]

❶

❷

❸

❹

❺

과학 STEAM 49

다음은 씨랜드 청소년 수련원 화재 관련 기사이다.

기사

1996년 6월 30일 경기도 화성 씨랜드 청소년 수련원에서 모기향으로 인한 화재가 발생하여 잠자던 유치원생과 강사들이 숨지고 부상당하는 참사가 발생했다.

화재는 가장 처음 수련원 3층 C동 301호에서 일어나 순식간에 건물 전체로 옮겨붙은 것으로 보였다. 사고 당시 301호는 문이 닫혀 있었고 문틈으로 연기와 불꽃이 새어 나오자 어른들이 문을 열었는데 갑자기 불이 번지며 확대되었다. 사고 당시 301호에 있던 모기향이 이불에 옮겨붙고 이불이 벽에 다시 옮겨붙은 후 전선에 옮겨붙어 전기 합선을 일으킨 것으로 추정된다.

20개나 비치된 소방전에 물이 없어 화재 당시 초기 진압을 하지 못했고 화재로 배선이 타서 비상벨 작동이 되지 않았으며 화재경보기마저 고장 나 화재로 인한 인명피해가 컸다.

평가 영역

□ 과학 사고력　□ 과학 창의성
■ 과학 STEAM

평가 요소

□ 개념 이해력　□ 탐구 능력
□ 유창성　□ 독창성 및 융통성
■ 문제 파악 능력　□ 문제 해결 능력

교과 영역

■ 에너지　■ 물질　□ 생명　□ 지구

난이도 ★ ★ ☆

1 문틈으로 연기와 불꽃이 새어 나와 문을 열었을 때 갑자기 불이 커진 이유를 서술하시오. [6점]

2 씨랜드 청소년 수련원 화재와 비슷한 징후가 보일 때, 화재 진압 방법
을 고안하고 원리를 연소의 조건과 관련지어 서술하시오. [8점]

평가 영역

□ 과학 사고력 □ 과학 창의성

■ 과학 STEAM

평가 요소

□ 개념 이해력 □ 탐구 능력

□ 유창성 □ 독창성 및 융통성

□ 문제 파악 능력 ■ 문제 해결 능력

교과 영역

■ 에너지 ■ 물질 □ 생명 □ 지구

난이도 ★ ★ ☆

다음은 우리나라 전통 가옥인 한옥에 관한 내용이다.

우리 선조들의 지혜와 생활양식을 고스란히 담고 있으며 자연의 원리에 따라 만든 건축양식이 바로 한옥이다. 한옥은 지형적인 특성과 기후 특성을 잘 반영하고 있다.

북쪽 지방은 겨울철 추위가 심하므로 단열을 위해 방이 두 줄로 배열되는 겹집 구조를 나타낸다. 남쪽 지방은 평야가 넓고 여름이 길고 무더우므로 여름을 시원하게 지내기 위해 넓은 대청마루가 있고 바람이 잘 통하는 형태의 가옥이 발달하였다.

한옥의 가장 큰 특징은 온돌, 마루, 처마라고 할 수 있다. 온돌은 겨울을 지내기 위한 난방 시설이고, 마루는 무더운 여름을 지내기 위한 곳이다. 처마는 햇빛과 빗물을 막아준다.

▲ 북부지방 한옥

▲ 남부지방 한옥

평가 영역
☐ 과학 사고력 ☐ 과학 창의성
■ 과학 STEAM

평가 요소
☐ 개념 이해력 ☐ 탐구 능력
☐ 유창성 ☐ 독창성 및 융통성
■ 문제 파악 능력 ☐ 문제 해결 능력

교과 영역
■ 에너지 ☐ 물질 ☐ 생명 ■ 지구

난이도 ★ ★ ☆

① 대청마루는 추운 북부 지방에서는 볼 수 없고 더운 남부 지방의 한옥에서 볼 수 있는 구조이다. 일반적으로 대청마루 앞에는 마당이 있고 뒤에는 뜰이 있다. 대청마루는 더운 여름날 전기 없이도 바람을 만들어 낸다. 대청마루에서 시원한 바람이 부는 원리를 서술하시오. [6점]

② 통일이 된 후 한반도에서 가장 높은 산인 백두산이 있는 양강도 지방에 한옥을 지으려고 한다. 이 지역의 자연환경을 고려하여 한옥을 설계하고 이유를 서술하시오.(단, 그림이나 설계도면을 그려서 서술해도 좋다.) [8점]

[양강도의 특징]

• 위도 40°~42°에 위치한다.

• 고원지대로 평균 높이가 1400 m이다.

• 2000 m 이상의 높은 산들로 둘러싸여 있다.

• 한반도에서 기온이 가장 낮고 강수량이 적다.

• 연평균 기온은 2~3 ℃,
  1월 평균기온 –7~22 ℃,
  8월 평균기온 18~22 ℃이다.

50제 시리즈로 대비할 수 있는

과학 대회
안내

☑ **6월** 초등과학 창의사고력 대회
　　　 – 서울교육대학교 주최

☑ **7월** 한국과학창의력대회
　　　 – 한국과학교육단체총연합회 주최

☑ **9월** 영재교육대상자 선발
　　　 – 교육청 주최

☑ 기출문제 및 예시문항

초등과학 창의사고력대회

목적

초등학생의 과학에 대한 흥미를 증진시키고, 과학에 대한 관심과 이해 정도를 파악할 수 있는 기회를 제공한다.

주최 · 주관 : 서울교육대학교, 기초과학교육연구원

대상 및 참가인원

- 대상 : 전국 초등학교 3, 4, 5, 6학년 학생
- 참가비 : 40,000원(접수비 6,000원 포함)

일시 및 장소

- 접수기간 : 4월(홈페이지 참조)
- 시험일시 : 4월(홈페이지 참조)
- 시험장소 : 서울교육대학교

시험 형식 및 출제 방향

- 시험형식 : 주관식(단답형＋서술형) 문항
- 출제범위 : 하위 학년 전 과정~해당 학년 1학기 전 과정
- 출제방향 : 하위 학년 전 과정~해당 학년 1학기 전 과정
  - 학교에서 학습한 모든 과목의 기초 지식을 활용하여 창의적으로 문제를 해결하는 능력을 평가한다.
  - 6개 과학 창의 역량(비교 · 분류, 모형사용, 정보해석, 탐구설계, 일반화, 해결방안 도출)의 수준을 평가한다.

홈페이지 http://bsedu.snue.ac.kr

[I] 주은이는 다음과 같이 실험을 하였다.　　　　　　　　　　　－ 5학년(탐구설계)

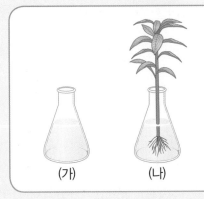

〈실험 방법〉
㉠ 같은 모양과 크기의 투명한 용기를 준비한다.
㉡ 용기 (가)와 (나)에 같은 양의 물을 담는다.
㉢ (가)는 그대로 두고, (나)는 식물을 꽂아 둔다.
㉣ (가)와 (나)를 창가에 두고, 일주일 동안 물의 높이
　 변화를 관찰한다.

(가)　　　(나)

① (가)의 물높이를 측정하여 그린 그래프는 오른쪽과 같다.
　 (나)의 물높이는 어떻게 변하는지 예상하여, 그래프에 같
　 이 그리시오.

② (가), (나)의 물높이가 위와 같이 변한 까닭을 설명하시오.

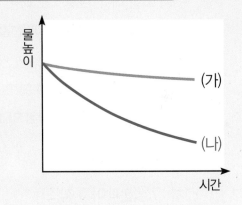

[모범답안] (나)에서는 식물의 증산 작용이 일어나기 때문이다.
[해설] 식물의 뿌리에서 흡수된 물은 줄기를 거쳐 잎까지 운반되어 광합성
을 비롯한 생명 활동에 쓰이고, 남은 물은 수증기의 상태로 잎을 통해 밖으
로 나간다. 이 현상을 증산 작용이라고 한다.

[II] 그림과 같이 지구본 위에 사람 인형을 올려놓으면 천문 현상을 쉽
　　게 이해할 수 있다. 철수가 어느 날 서울(북위 37도, 동경 126도)에
　　서 달을 보았더니 오른쪽 그림과 같은 모양으로 보였다. 파리, 시
　　드니, 싱가포르에서 보이는 달의 모양은 어떠할지 (가)~(아) 중 가
　　장 가까운 모습을 찾아 기호로 나타내시오.　　－ 6학년(모형사용)

▼ 우리나라 낮일 때의 위치

가	나	다	라	마	바	사	아

도시	파리(북위 48도, 동경 2도)	시드니(남위 34도, 동경 151도)	싱가포르(북위 1도, 동경 103도)
달의 모양 (기호)	(가)	(다)	(나)

[해설] 달의 모양은 모두 상현달로 보이지만 달을 보는 지역의 위도에 따라 방향이 다르게 보인다. 파리는 서울과 위도가 비슷하므로
같은 모양으로 보이고, 적도에 있는 싱가포르에서는 태양이 수직으로 뜨고 지므로 상현달이 아래쪽 반만 보이며, 남반구에 있는 시드
니에서는 태양이 동→북→서 방향으로 움직이므로 상현달이 왼쪽 반만 보인다.

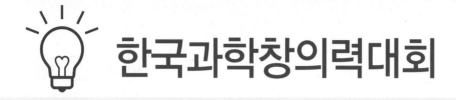

한국과학창의력대회

목적

제4차 산업혁명 시대를 능동적으로 이끌어 갈 창의성과 리더십을 가진 융합인재의 육성을 위해 창의적인 과학 사고력을 신장시킨다.

주최 · 주관 : 한국과학교육단체총연합회

대상 및 자격

- 참가 대상 : 전국 초등학교 4, 5, 6학년, 중학교 1~3학년, 고등학교 1~3학년 학생
  - 1차 시험 대상 : 초등학교 4~6(Ⅰ), 중학교 1~3(Ⅱ), 고등학교 1~3(Ⅲ), 과학고 · 과학영재학교(Ⅳ)
  - 2차 시험 대상 : 1차 시험에 선발된 인원
- 참가 인원 및 자격
  - 학년별 4명 이내(단, 학년 당 학급 규모가 11 학급 이상의 경우 6명 이내) 학교장 추천을 받은 학생
  - 과학성적 우수자, 과학대회 및 과학체험활동에서 우수한 역량을 발휘한 자

일시 및 장소

- 1차 : 7월(홈페이지 참조)
- 2차 : 8월(홈페이지 참조)
- 시험 장소 : 홈페이지 확인

시험 형식 및 출제 방향

- 1차 : 창의적 과학 문제 해결 능력 지필 평가
- 2차 : 융합과학 창의적 산출물 제작 활동 및 말하기 능력 수행 평가

홈페이지 http://www.kofses.or.kr

[I] 다음은 양초가 타고 있는 모습을 찍은 사진이다.

① 다음 사진을 자세히 관찰하고 관찰한 현상 다섯 가지와 그러한 현상이 일어나는 까닭을 쓰시오.

[모범답안]

① 겉불꽃은 잘 보이지 않는다. 산소의 공급이 충분하여 완전 연소가 이루어지므로 온도가 가장 높아 불꽃의 색깔이 푸른색이기 때문이다.

② 불꽃심은 가장 어둡다. 액체 상태의 초가 불꽃으로 가열되어 기체로 되는 부분으로 온도가 가장 낮기 때문이다.

③ 속불꽃은 가장 밝게 빛난다. 완전히 타지 못한 탄소 알갱이가 타면서 빛을 내기 때문이다.

④ 불꽃 모양은 위로 뾰쪽한 모양이다. 대류 현상에 의해 뜨거운 공기가 위로 올라가기 때문이다.

⑤ 심지 바로 아래에는 액체 상태의 초가 있다. 뜨거운 열에 의해 고체 상태의 초가 녹았기 때문이다.

② 다음 사진과 같이 양초의 불꽃을 동그란 종 모양으로 만들 수 있는 과학적인 방법 두 가지와 그것이 가능한 이유를 쓰시오.

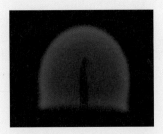

[모범답안]

① 우주 정거장 안에서 촛불을 켠다. 우주 정거장은 무중력 상태이므로 대류 현상이 일어나지 않아서 불꽃이 사방으로 퍼져 나간다.

② 비행기를 타고 45°로 상승하다가 엔진을 끈 후 비행기가 하강할 때 촛불을 켠다. 지구상에서 비행기를 이용해서 45°로 상승하다가 엔진을 끄면 떨어지면서 약 25초간 무중력 상태가 만들어지기 때문이다.

[해설] 무중력상태인 우주정거장에서 양초에 불을 붙이면 대류 현상이 일어나지 않아 불꽃이 사방으로 퍼져나간다. 대류 현상에 의한 산소 공급이 이루어지지 않기 때문에 주변의 산소를 이용한 연소가 끝나면 불꽃은 꺼진다.

영재교육대상자 선발

영재교육원 종류 및 시기

기관 구분	선발 방법	선발 시기
교육지원청 영재교육원	창의적 문제해결력 및 면접 평가	11월~12월
단위학교 영재교육원	창의적 문제해결력 및 면접 평가	11월~12월
직속기관 영재교육원	창의적 문제해결력 및 면접 평가	11월~12월
영재학급	창의적 문제해결력 및 면접 평가	2월~3월
대학부설 영재교육원	창의적 문제해결력 및 면접 평가	8월~11월

※ 지역별로 선발 과정이 다를 수 있으니 반드시 해당 영재교육원 모집 공고를 확인하세요.

일정 및 방법

- 교육지원청 영재교육원 및 직속기관, 단위학교 영재교육원

단계	주관	일정	세부내용
지원 단계	학생	11월	• GED에서 지원서, 자기체크리스트 작성 • 지원서를 출력하여 소속 학교 담임교사에게 제출
추천 단계	소속 학교	11월	• 담임교사 학생 지원 자료 확인 및 창의적인성검사 제출 • 학교추천위원회 학교별 지원자 명단 확인 후 최종 추천
창의적 문제해결력 및 면접 평가 단계	교육지원청	12월	• 창의적 문제해결력 및 면접 평가 실시
최종 합격자 발표	교육지원청	12월	• 아래 합산 성적순 • 교사 체크리스트 : 20점 • 창의적문제해결력 평가 : 70점 • 면접 : 10점

유의 사항

- 동일 교육청 소속 영재교육원 중복 지원 불가
- 동일 학년도 내에서 영재교육기관 합격자는 타 영재교육기관에 지원 불가
- 중복 지원이 허용되는 경우 중복 합격이 가능하지만 중복 등록은 불가

[I] 다음 설명과 같은 물의 상태 변화를 활용할 수 있는 생활 속 예를 3가지 제시하고 각각의 이유를 서술하시오.

> 젖은 수건으로 온도계의 아랫부분을 감싼 후 5분간 헤어드라이어로 약하게 열을 주면 온도계의 온도가 내려간다. 이는 젖은 수건의 물이 헤어드라이어의 더운 바람에 수증기로 변하면서 주변의 열을 가져가기 때문이다. 여름철에 젖은 수건을 몸에 두르고 있으면 시원함을 느끼는 것도 같은 원리이다.

[모범답안]

① 건습구 습도계 : 습구 온도계의 액체샘 부분을 감싼 물에 젖은 헝겊에서 물이 증발(상태 변화)하면서 주위 열을 흡수하기 때문에 습구 온도가 건구 온도보다 낮다. 습구 온도와 건구 온도의 차이로 습도를 알 수 있다.

② 여름에 마당에 물을 뿌리면 시원하게 느껴지는 것 : 물이 증발(상태 변화)할 때 주위 열을 흡수하기 때문에 시원해진다.

③ 더운 여름철 분수 가동 : 물이 증발(상태 변화)할 때 주위 열을 흡수하기 때문에 시원해진다.

④ 기능성 운동복 : 땀이 증발(상태 변화)할 때 몸의 열을 흡수하기 때문에 시원해진다.

[해설] 물이 수증기로 상태 변화할 때 주위 열을 흡수하는 원리를 이용한 예이다. 에어컨이나 냉장고도 기화열을 이용하지만 물의 상태 변화를 이용한 예가 아니므로 답이 될 수 없다.

[II] 다음은 스톤을 밀고 브룸(브러쉬)으로 얼음을 문질러 스톤을 이동시키는 컬링 경기 모습이다. 얼음을 문지르면 마찰력이 줄어 스톤이 더 멀리 나아간다. 이와 같이 실생활에서 마찰력이 줄어 변화가 생기는 예를 3가지 서술하시오. (단, 상황이 구체적으로 드러나도록 쓴다.)

[모범답안]

① 얇은 스케이트 날은 빙판을 누르는 압력을 높여 얼음을 녹이고 물 막에 의해 마찰력이 줄어 잘 미끄러진다.

② 워터 슬라이드에 물을 흘려보내면 마찰력이 줄어 잘 미끄러져 내려간다.

③ 피젯스피너는 베어링과 기름에 의해 마찰력이 작아 한 번 돌리면 오랫동안 회전한다.

[Ⅲ] 다음 글을 읽고 물음에 답하시오.

분식집에서 떡볶이를 주문했더니 떡볶이와 함께 국이 나왔다. 그런데 아무도 만지지 않은 국그릇이 저절로 식탁 위에서 움직였다.

① 위 현상을 기체의 부피 변화와 관련지어 설명하시오.

[모범답안] 국그릇 바닥에 물기가 있으면 국그릇 아랫부분과 식탁 사이에 들어 있는 공기가 밀폐되고, 뜨거운 국으로부터 열을 전달 받은 공기의 부피가 커져 순간적으로 그릇을 들어 올리면서 식탁 위를 미끄러지듯 움직인다.

[해설] 국그릇 아랫부분에는 빈 공간이 있는데 이 빈 공간이 국그릇 바닥의 물기와 식탁에 의해 밀폐되면 뜨거운 국의 열에 의해 공기의 온도가 높아지고 부피가 증가한다. 밀폐된 공간에서 공기의 부피가 늘어나면서 압력이 증가하는데 그릇을 들어올릴 정도의 압력이 되면 그릇이 살짝 들어올려져 공기가 빠져나간다. 이때 공기가 빠져나는 힘의 반작용으로 인해 그릇이 미끄러지듯 움직인다. 공기가 어느 정도 빠져나가면 압력이 낮아져 그릇은 움직임을 멈춘다. 최근에는 그릇이 움직이지 않도록 그릇 아랫부분에 홈을 만들어 공기가 밀폐되지 않게 한다.

② 생활 속에서 기체의 부피가 변하여 발생하는 현상을 3가지 서술하시오.

[모범답안]

① 열기구 내부에 열을 가하면 공기의 부피가 늘어나면서 떠오른다.

② 찌그러진 탁구공을 뜨거운 물에 담가 두면 펴진다.

③ 전자레인지에 삶은 달걀을 넣고 돌리면 달걀 속 공기의 부피가 갑자기 늘어나면서 터진다.

④ 포개져서 잘 빠지지 않는 두 그릇을 뜨거운 물에 넣어 두 그릇 사이에 들어 있는 기체의 온도를 높이면 기체의 부피가 커져서 그릇을 밀어내므로 깨뜨리지 않고 그릇을 뺄 수 있다.

⑤ 반쯤 먹다 남은 생수병을 냉장실에 넣으면 기체의 부피가 감소하여 페트병이 찌그러진다.

[Ⅳ] 눈사람에게 외투를 입혀주면 더 빨리 녹을지, 더 천천히 녹을지 쓰고, 그 이유를 서술하시오.

[모범답안] 외투를 입혀주면 외투와 눈사람 사이에 공기층이 생기고, 공기는 열을 잘 전달하지 않으므로 온도 변화가 크게 생기지 않아 눈사람이 잘 녹지 않는다.

[해설] 물질의 종류에 따라 열을 전달하는 속도가 다르다. 일반적으로 금속은 열전도율이 높아 열을 빨리 전달하고 공기와 같은 기체는 열전도율이 낮아 열을 잘 전달하지 못한다. 이중창은 창문 사이에 공기가 있어 열의 이동을 잘 막아준다.

[Ⅴ] 공기가 희박한 높은 상공에서 사람이 자유낙하할 때 특수복을 입어야 한다. 다음 글을 읽고 특수복이 갖추어야 할 기능을 3가지 서술하시오.

> 오스트리아 스카이다이버 펠릭스 바움가르트너가 지상 39 km에서 자유낙하에 성공해 가장 높은 곳에서 뛰어내린 사나이가 되었다. 에베레스트산보다 4배 높고, 비행기 항로보다 3배 높은 곳에서 뛰어내린 바움가르트너는 낙하한 지 몇 초 만에 시속 1,110 km에 도달했다.

[모범답안]
① 낮은 온도와 급격한 온도 변화에 견딜 수 있어야 한다.
② 공기가 희박하므로 산소를 공급할 수 있어야 한다.
③ 공기가 희박하므로 내부 공기압을 높여 지상과 비슷한 기압을 유지할 수 있어야 한다.
④ 자유낙하 시 발생하는 마찰열을 견딜 수 있어야 한다.

[해설] 지상으로부터 약 40 km 지점의 기온은 −60 ℃ 정도이다. 바움가르트너는 자유낙하를 할 때 급격한 기압과 온도 변화, 마찰열로부터 자신을 보호하기 위해 특별히 제작된 특수복을 입었다. 이 옷은 내부 공기압을 인위적으로 높여 지상과 비슷한 기압을 유지해 주는 여압복으로, 외피는 −20~56 ℃에 이르는 찬 공기와 자유낙하 시 발생하는 마찰열로부터 인체를 보호하기 위해 세라믹, 광섬유와 같은 비금속 단열 소재를 사용하였다.

[VI] 그림은 서로 다른 2가지 팬을 나타낸 것이다. (가)와 (나)의 적합한 용도를 3가지 제시하고, 그렇게 생각한 이유를 서술하시오.

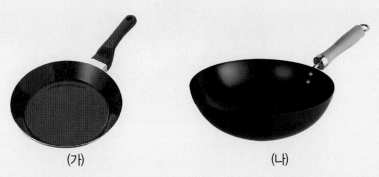

(가) (나)

[모범답안]
① (가) 볶음 요리, (나) 국물 요리 : (나)가 (가)보다 깊어 국물이 있는 요리를 하기 쉽기 때문이다.

② (가) 부침 요리, (나) 튀김 요리 : (가)는 바닥면이 넓어 빈대떡 등을 부치기 편하고, (나)는 깊이가 깊어 끓는 기름에 음식을 튀기기 편하기 때문이다.

③ (가) 스테이크, (나) 스파게티 : (가)는 바닥면이 넓어 스테이크를 굽기 좋고, (나)는 깊이가 깊어 스파게티 요리를 하기 쉽기 때문이다.

④ (가) 기름이 적은 음식, (나) 기름이 많은 음식 : (나)가 (가)보다 깊어 기름이 프라이팬 밖으로 많이 튀지 않기 때문이다.

⑤ (가) 양이 적은 음식, (나) 양이 많은 음식 : (나)가 (가)보다 깊어 많은 음식을 요리하기 쉽기 때문이다.

[VII] 한여름에 시원하게 쏟아지는 거센 소나기에도 연잎은 빗방울을 튕겨 내고 고인 빗물을 흘려보낸다. 이러한 현상을 '연잎 효과'라고 하는데 연잎이 물방울에 젖지 않는 핵심 이유는 연잎에 무수히 나 있는 미세한 돌기와 연잎 표면을 코팅하고 있는 왁스 성분 때문이다. '연잎 효과'를 생활 속에서 이용할 수 있는 구체적인 예를 3가지 쓰시오.

[모범답안]
① 비를 튕겨 내어 젖지 않는 우산

② 먼지가 붙지 않는 페인트로 칠하여 세차를 하지 않아도 깨끗한 차

③ 김치 국물이나 음료 등을 쏟아도 묻지 않고 흘러내리는 옷

④ 음식이 눌어붙지 않는 프라이팬

⑤ 액체와 먼지가 묻지 않는 유리

[Ⅷ] 다음 글을 읽고 각 기법을 스마트폰에 적용할 수 있는 방법을 각각 1가지씩 서술하시오.

> **[쉽고 재미있는 발명 기법]**
>
> 기존 물건을 좀 더 편리하고 실용적인 방향으로 변화시킬 수 있는 아이디어를 낼 수있도록 도와주는 방법으로 아이디어를 창의적이고 다양하게 발전시킬 수 있다.
>
> ① 더하기 : 기존 물건에 또 다른 물건이나 새로운 기능을 더하여 새로운 물건을 만든다.
>
> ② 빼기 : 물건의 구성이나 기능 중 일부를 제거하여 새로운 물건을 만든다.
>
> ③ 모양 바꾸기 : 물건의 일부 또는 전체 모양을 변형시켜 새로운 물건을 만든다.
>
> ④ 크기 바꾸기 : 물건의 크기를 크거나 작게 또는 두껍거나 얇게 조절하여 새로운 물건을 만든다.
>
> ⑤ 폐품 활용하기 : 생활 주변에서 버려지는 폐품을 이용하여 새로운 물건을 만들거나 다른 용도로 이용한다.
>
> ⑥ 남의 아이디어 빌리기 : 다른 사람의 발명품을 보고 아이디어를 얻어 새로운 물건을 만든다.
>
> ⑦ 반대로 생각하기 : 현재 사용하고 있는 물건의 모양, 방향, 성질 등을 반대로 생각하여 새로운 물건을 만든다.

[모범답안]

①더하기 : 스마트폰과 가전제품을 연결하여 스마트폰으로 가전제품을 조작한다. 밖에서도 가전제품을 작동시키거나 멈추게 할 수 있다.

②빼기 : 손가락으로 액정을 터치하는 대신 음성, 얼굴, 손동작을 인식해 작동한다. 터치가 불편한 시각 장애인도 쉽게 사용할 수 있고 겨울에 장갑을 끼고 있어도 쉽게 사용할 수 있다.

③모양 바꾸기와 크기 바꾸기 : 사용하지 않을 때는 화면을 접어서 작게 만들어 들고 다니거나 동그랗게 말아서 손목시계처럼 차고 다니고, 사용할 때는 펴서 크게 사용한다.

④폐품 활용하기 : 인형에 붙어 있는 흡착판을 이용하여 스마트폰을 매끈한 벽이나 유리에 붙여 동영상을 본다.

⑤남의 아이디어 빌리기 : 빔프로젝터처럼 스마트폰의 화면을 확대하여 스크린에 비추는 장치를 추가한다.

⑥반대로 생각하기 : 스마트폰은 전기를 사용하므로 물에 빠지면 망가진다. 스마트폰에 방수 기능을 더하여 물속에서도 사용한다.

〈면접〉

[I] 다른 아이들과 어울리지 못하는 아이의 그림 상황을 보고 이때 나라면 어떻게 할 것인지 말해보시오.

[해설] 인성 면접 문제이다. 영재원에서는 대부분 팀으로 탐구하므로 갈등 해소 능력, 겉도는 친구를 포용하는 마음, 다른 사람의 감정을 공감하는 능력 등을 확인하는 질문이 많이 나온다. 미리 적절한 답안을 생각해보는 것이 좋다.

[II] 아프리카에는 가난한 사람들이 많이 있다. 내가 그 사람들을 위해 어떤 일을 할 수 있는지 방법을 3가지 말해보시오.

[모범답안]

① 여러 구호단체의 모금 활동, 기부, 후원을 통해 돕는다.

② 아프리카 어린이를 위해 편지를 쓴다.

③ 아프리카의 상황을 주변 사람들에게 알린다.

[해설] 어른이 되어서 돈을 벌어서 도와주겠다는 생각보다 지금 내가 할 수 있는 작은 도움을 생각해보는 것이 좋다.

[III] 달나라를 여행하는 우주선에 탑승하는 우주복에 있어야 할 기능을 5가지 말해보시오.

[모범답안]

① 온도를 일정하게 유지해 주는 장치

② 산소를 공급하는 장치

③ 기압을 일정하게 유지해 주는 장치

④ 헬멧을 썼을 때 외부와 통신이 가능한 장치

⑤ 식수를 공급할 수 있는 장치

⑥ 움직일 때 힘들지 않도록 관절 부분에 주름이 많은 우주복

⑦ 쉽게 찢어지지 않는 소재로 만든 우주복

[해설] 달은 지구와 달리 대기압이 작용하지 않고 산소가 없으며 태양열에 의한 극고온과 극저온의 환경이 반복되는 공간이다. 또한, 빠른 속도로 날아다니는 우주먼지와 각종 전자파 및 방사능 등이 우주비행사들을 위협하고 있다. 따라서 달에서 입는 우주복에는 우리 몸을 보호할 수 있는 최첨단 장치가 있어야 한다.

[Ⅳ] 비행기는 새를 본 떠 만들었다. 이처럼 동, 식물을 본 떠 만든 것을 말하고, 장점 2가지를 말해보시오.

[모범답안]

• 연잎 : 물방울이 맺히지 않고 동그랗게 뭉친다. 벽, 자동차, 운동화, 기능성 의류 표면에 연잎처럼 물이 맺히지 않고 흘러내리도록 하면 젖지 않고 항상 깨끗한 상태를 유지할 수 있다.

• 도깨비바늘 : 씨 끝부분에 가시 같이 짧고 날카로운 바늘이 사방을 향해 벌어져 있어 옷이나 털에 박혀 잘 빠지지 않는다. 도깨비 바늘 씨앗을 본떠 낚싯바늘이나 작살을 만든다.

[Ⅴ] 모둠원들이 민수의 행동을 선생님께 말씀드려야 할지에 대해 자신의 입장을 정하여 말해보시오.

민수네 학급은 오늘 미술 시간에 협동화 그리기를 했습니다. 그러나 민수는 자기가 맡은 그림에 색칠도 안 하고 놀기만 했습니다. 끝날 시간이 되자 모둠 아이들은 마음이 급한 나머지 민수의 그림까지 함께 색칠해서 냈습니다. 선생님은 민수네 모둠의 협동화가 가장 멋있다고 칭찬을 해 주시며 모둠원 전체에게 스티커를 한 장씩 주셨습니다. 모둠원들은 민수가 협동화 그리기는 하지 않고 장난만 치고 스티커를 받았다는 사실을 선생님께 말씀드려야 할지 고민했습니다.

[해설] 모둠 활동에서 자주 발생할 수 있는 상황이다. 모둠 활동에서 주로 1명이 주도적으로 하고 1~2명이 참여를 하지 않는 경우가 발생하기도 한다. 협동화나 조별 과제 등을 해결할 때 참여하지 않는 친구가 생기면 대부분 한두 번 이야기하고 그래도 참여하지 않으면 선생님께 말씀드린다. 그러나 이번 상황은 민수에게 색칠하라고 이야기하는 사람도 없었고, 선생님께 말씀드리지도 않은 상황에서 민수를 빼고 협동화를 마무리했다. 모둠원들이 민수의 행동을 선생님께 말씀드린다면 모둠원들이 민수와 협동하려고 노력하지 않는 부분에서 모둠원들에게 준 스티커를 모두 회수할 수 있다. 또한, 선생님께 민수의 행동을 말씀드린다고 해서 민수가 다음부터 협동할 확률은 그리 높지 않을 것이다. 가장 중요한 핵심은 민수가 왜 협동하지 않았는지에 대한 모둠원들의 고민 없이 민수를 무시한 부분이다. 따라서 선생님께 말씀드리는 부분보다는 민수와 협동하기 위해 어떻게 해야 하는 것이 좋을지에 대한 해결 방안을 이야기하는 것이 좋다.

융합인재교육 STEAM 이란?

과학 [Science] **S**

수학 [Mathematics] **M**   STEAM 융합인재교육   **T** 기술 [Technology]

예술 [Art] **A**   **E** 공학 [Engineering]

· 수학, 과학, 기술, 공학 간 상호 연계성 고려, 학문 간 공통 핵심 요소 중심으로 교육
· 예술적 소양을 함양하고 타 학문에 대한 이해가 깊은 미래형 인재 양성으로 교육

[자료 출처 : 한국과학창의재단]

융합인재교육은 과학기술공학과 관련된 다양한 분야의 융합적 지식, 과정, 본성에 대한 흥미와 이해를 높여 창의적이고 종합적으로 문제를 해결할 수 있는 융합적 소양(STEAM Literacy)을 갖춘 인재를 양성하는 교육이라고 정의하고 있다. 학습자가 실제 문제 상황을 다양하게 설계하고 해결하는 과정을 통해 새로운 개념을 생성하고, 창의적으로 설계하며, 더불어 사는 인성, 즉 사회적 감성을 발달하도록 하는 것이다.
이러한 융합인재교육(STEAM)의 목적은 다음과 같이 정리할 수 있다.

❀ 빠르게 변화하는 사회 변화의 적응력을 높이는 것이다.
❀ 개인의 창의 인성, 지성과 감성의 균형 있는 발달을 돕는 것이다.
❀ 타인을 배려하고 협력하며, 소통하는 능력을 함양하는 것이다.
❀ 과학 효능감과 자신감, 과학에 대한 흥미 등을 증진시킴으로써 과학 학습에 대한 동기 유발을 높이는 것이다.
❀ 융합적 지식 및 과정의 중요성을 인식시키는 것이다.
❀ 학습자 중심의 수평적 융합적 교육으로 전환하는 것이다.
❀ 합리적이고 다양성을 인정하는 문화 형성에 기여하는 것이다.
❀ 대중의 과학화를 기반으로 한 합리적인 사회를 구성하는 데 기여하는 것이다.
❀ 창조적 협력 인재를 양성하는 것이다.
❀ 수학, 과학, 기술, 공학 간 상호 연계성 고려, 학문 간 공통 핵심 요소 중심으로 교육
❀ 예술적 소양을 함양하고 타 학문에 대한 이해가 깊은 미래형 인재 양성으로 교육

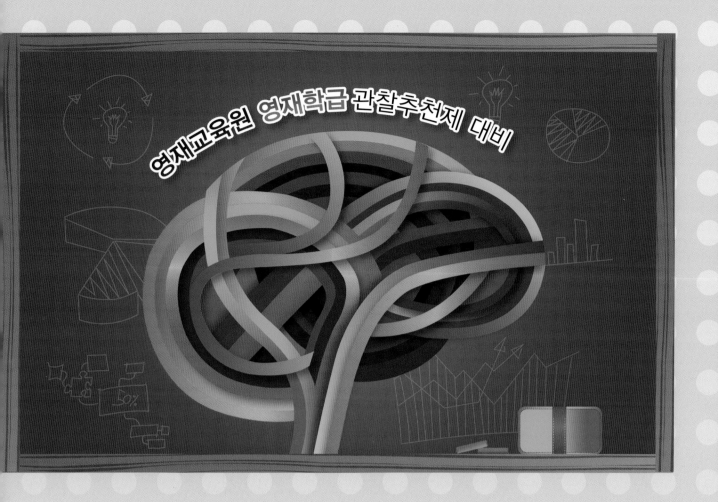

영재교육원 영재학급 관찰추천제 대비

안쌤의
「창의적 문제 해결력」수학 과학 공통

모의고사

① 모의고사[4회]

- 최근 시행된 전국 관찰추천제 **기출 완벽 분석 및 반영**
- 서울권 창의적 문제해결력 **평가 대비**
- 영재성검사, 학문적성검사, **창의적 문제해결력 검사 대비**

② 평가 가이드 및 부록

- 영역별 점수에 따른 **학습 방향 제시와 차별화된 평가 가이드 수록**
- 창의적 문제해결력 평가와 면접 기출유형 및 예시답안이 포함된 **관찰추천제 사용설명서 수록**

안쌤의
줄기과학 시리즈

새 교육과정
3~4학년
학기별
STEAM 과학

3-1 **8강** 3-2 **8강**　　　　4-1 **8강** 4-2 **8강**

새 교육과정
5~6학년
학기별
STEAM 과학

5-1 **8강** 5-2 **8강**　　6-1 **8강** 6-2 **8강**

새 교육과정
중등 영역별
STEAM 과학

물리학 **24강**　　화학 **16강**　　생명과학 **16강**　　지구과학 **16강**　　　물리학 워크북　　　화학 워크북

영재교육원 영재학급 관찰추천제 대비

5일 완성 프로젝트

파이널

안쌤의 창의적 문제해결력

과학 50제

정답 및 해설

파이널 50제 5강 구성

★ 영재성검사, 창의적 문제해결력 평가 및 검사,
   창의탐구력 검사에 공통으로 출제되는 과학 사고력,
   과학 창의성, 과학 STEAM(융합사고) 문제 유형으로 구성

★ 서술형 채점 기준으로 자신의 답안을 채점하면서
   답안 작성 능력을 향상시킬 수 있도록 구성

부록 |

50제 시리즈로 대비할 수 있는
과학 대회 안내

초등과학 창의사고력 대회, 한국과학창의력대회, 영재교육원 선발에 대한 안내와 기출 유형 문제 수록

초등
5~6 학년

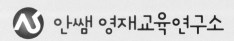 안쌤 영재교육연구소

상위 1%가 되는 길로 안내하는 이정표로,
학생들이 꿈을 이루어갈 수 있도록 콘텐츠 개발과 강의 연구를 하고 있다.

저자 **안쌤 영재교육연구소**

안재범, 최은화, 유나영, 이상호, 이은정, 추진희, 오아린, 허재이, 이민숙, 이나연, 김혜진

검수

강동규, 김종욱, 김주석, 김진남, 박은아, 배정인, 전익찬, 정영숙, 정회은, 최현규

이 교재에 도움을 주신 선생님

고려욱, 김민정, 김성희, 김은수, 김정숙, 김정아, 김진남, 김종욱, 김현민, 김희진, 마성재, 박선재,
박재현, 박진국, 백광열, 서윤정, 신석화, 신한규, 안혜정, 어유선, 우마리아, 유경아, 유승희, 유영란,
유지유, 윤선애, 윤이현, 이석영, 이은덕, 임선화, 임성은, 임은란, 장수진, 전진홍, 전희원, 정지윤,
정대현, 조영부, 채윤정, 채중석, 최용덕, 추지훈, 하정용

영재교육원 영재학급 관찰추천제 대비

5일 완성 프로젝트

파이널

안쌤의 창의적 문제해결력

과학 50제

초등 5~6학년

정답 및 해설

매스티안

문항 구성 및 채점표

평가영역 / 문항	과학 사고력		과학 창의성		과학 STEAM	
	개념 이해력	탐구 능력	유창성	독창성	문제 파악 능력	문제 해결 능력
1		점				
2		점				
3	점					
4	점					
5			점	점		
6			점	점		
7			점	점		
8			점	점		
9					점	점
10					점	점

평가영역별 점수	개념 이해력	탐구 능력	유창성	독창성	문제 파악 능력	문제 해결 능력
	과학 사고력		과학 창의성		과학 STEAM	
	/ 40점		/ 30점		/ 30점	

총점	

평가 결과에 따른 학습 방향

사고력	35점 이상	정확하게 답안을 작성하는 연습을 하세요.
	24~34점	교과 개념과 연관된 응용문제로 문제 적응력을 기르세요.
	23점 이하	틀린 문항과 관련된 교과 개념을 다시 공부하세요.

창의성	26점 이상	보다 독창성 있는 아이디어를 내는 연습을 하세요.
	18~25점	다양한 관점의 아이디어를 더 내는 연습을 하세요.
	17점 이하	적절한 아이디어를 더 내는 연습을 하세요.

STEAM	26점 이상	답안을 보다 구체적으로 작성하는 연습을 하세요.
	18~25점	문제 해결 방안의 아이디어를 다양하게 내는 연습을 하세요.
	17점 이하	실생활과 관련된 과학 기사로 과학적 사고를 확장하는 연습을 하세요.

① 두 쇠막대 모두 가열한 곳에서부터 좌우 같은 속도로 색깔이 변한다.

② 고체에서 열은 높이에 관계없이 온도가 높은 곳에서 낮은 곳으로 이동한다.

모범답안

요소별 채점 기준	점수
쇠막대의 변화를 서술한 경우	4점
시험을 통해 알 수 있는 점을 서술한 경우	4점

[해설]

① 열은 물체의 온도를 변하게 하는 원인인 에너지의 한 종류로, 같은 물질에서는 온도가 높은 곳에서 낮은 곳으로 높이에 관계없이 같은 속도로 이동한다. 온도는 물체의 차고 따뜻한 정도를 숫자로 나타낸 것이다.

모범답안

- **한 가지 종류의 액체만 사용하여 액체탑을 쌓을 수 있는 방법**
  ① A 용액을 만든다. : 물 100 mL+빨간색 물감
  ② B 용액을 만든다. : 물 100 mL+설탕 1 숟가락(5 g)+주황색 물감
  ③ C 용액을 만든다. : 물 100 mL+설탕 2 숟가락(10 g)+노란색 물감
  ④ D 용액을 만든다. : 물 100 mL+설탕 3 숟가락(15 g)+초록색 물감
  ⑤ E 용액을 만든다. : 물 100 mL+설탕 4 숟가락(20 g)+파란색 물감
  ⑥ F 용액을 만든다. : 물 100 mL+설탕 5 숟가락(25 g)+남색 물감
  ⑦ G 용액을 만든다. : 물 100 mL+설탕 6 숟가락(30 g)+보라색 물감
  ⑧ 시험관에 G 용액부터 A 용액 순서대로 스포이트를 이용하여 조심히 넣는다.

- **액체탑을 쌓을 수 있는 원리** : 진한 용액일수록 무거우므로, 진한 용액부터 묽은 용액 순서대로 시험관에 넣으면 액체탑이 만들어진다.

요소별 채점 기준	점수
액체탑을 쌓을 수 있는 방법을 서술한 경우	4점
액체탑을 쌓을 수 있는 원리를 서술한 경우	4점

[해설] 농도는 용액 속에 용질이 녹아 있는 정도를 말한다. 농도가 높은 진한 용액은 묽은 용액보다 용질이 많이 녹아 있어 같은 부피에 해당하는 무게가 무겁다. 따라서 농도가 높은 진한 용액은 무거워 아래로 가라앉는다.

03 우주정거장에서는 중력이 작용하지 않기 때문에 뿌리는 사방으로 뻗으면서 자라고 줄기는 전등이 있는 곳을 향해 자란다.

요소별 채점 기준	점수
뿌리에 관해 서술한 경우	4점
줄기에 관해 서술한 경우	4점

[해설] 씨앗은 여러 방향으로 심어도 싹을 틔울 때쯤에는 원래 놓인 제각각의 방향과는 상관없이 싹은 햇빛이 비치는 하늘을 향해, 뿌리는 물이 있는 땅을 향해 자란다. 빛이 없는 곳에서도 같은 결과가 나온다. 또한 중력이 없으면 식물의 몸을 지탱할 필요가 없기 때문에 세포벽이 점점 얇아진다. 지난 50여 년 동안 우주에서 많은 식물 실험이 활발하게 이루어졌다. 그 이유는 식물이 이산화 탄소를 없애고 산소를 만들어내기 때문이다. 현재 우주정거장에서는 산소를 얻기 위해 물을 전기분해하는 장치를 사용하고, 사람이 내뱉는 이산화 탄소를 제거하기 위한 장치도 따로 사용하는 등 많은 노력을 기울이고 있다. 식물은 보기도 좋고 설치도 간단한 아주 간편한 '공기정화' 장치이고 식물을 기를 수 있다면 먼 거리를 비행하는 우주인의 식량 문제도 해결할 수 있다.

 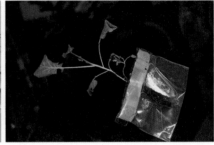 

04 ❶ 카시오페이아자리의 각 양쪽 끝의 두 별이 만드는 직선이 만나는 점과 카시오페이아 중앙에 위치한 별 사이 거리의 5배 되는 곳에 있는 별이 북극성이다.

❷ 북두칠성 국자 끝 부분에 위치한 두 별 사이 거리의 5배 되는 곳에 있는 별이 북극성이다.

요소별 채점 기준	점수
겨울 밤하늘에서 북극성을 찾은 경우	4점
여름 밤하늘에서 북극성을 찾은 경우	4점

[해설]
❶ 겨울에는 북두칠성은 지평선 근처에 위치하고 카시오페이아자리는 하늘 높이 떠 있으므로 카시오페이아자리를 이용하여 북극성을 찾는다.

❷ 여름에는 카시오페이아자리는 지평선 근처에 위치하고 북두칠성은 하늘 높이 떠 있으므로 북두칠성을 이용하여 북극성을 찾는다.

정답 및 해설

05

- 많은 열을 공급하기 위해 센 불로 가열한다.
- 열전도율이 높은 구리나 알루미늄 냄비를 이용한다.
- 열을 많이 전달받을 수 있도록 바닥이 넓은 냄비를 선택한다.
- 뜨거운 공기가 빠져나가지 않도록 뚜껑을 닫고 가열한다.
- 끓는점을 높이기 위해 처음부터 스프를 넣고 함께 끓인다.

※ 유창성 [6점]

총체적 채점 기준	점수
세 가지 방법을 서술한 경우	6점
두 가지 방법을 서술한 경우	4점
한 가지 방법을 서술한 경우	2점

※ 독창성 및 융통성 [4점]

요소별 채점 기준	점수
냄비 재질이나 면적에 관해 서술한 경우	2점
뚜껑에 관해 서술한 경우	2점

[해설] 뚜껑을 닫고 물을 끓이면 냄비 내부의 압력이 높아져 높은 온도에서 끓기 때문에 라면이 빨리 익는다. 스프를 넣고 같이 끓여도 물이 높은 온도에서 끓기 때문에 라면이 빨리 익는다. 뚝배기를 만드는 재료인 흙은 금속에 비해 열을 잘 전달하지 않는 물질이기 때문에 냄비처럼 빨리 끓지 않으나 일단 뜨거워진 음식이 쉽게 식지 않으므로 여러 종류의 찌개나 설렁탕과 같은 음식을 담는데 적당하다.

06

- 설탕을 모두 녹이고 난 후 맛을 보고 단맛이 나는지 확인한다.
- 설탕물을 증발시켜 설탕 결정이 생기는지 확인한다.
- 설탕과 물의 무게를 각각 측정하고 설탕을 모두 녹인 후 설탕물의 무게를 측정해서 설탕과 물의 무게와 설탕물의 무게가 같은지 확인한다.
- 황설탕이나 흑설탕을 녹여서 색 변화를 확인한다.

※ 유창성 [6점]

총체적 채점 기준	점수
세 가지 현상을 서술한 경우	6점
두 가지 현상을 서술한 경우	4점
한 가지 현상을 서술한 경우	2점

※ 독창성 및 융통성 [4점]

요소별 채점 기준	점수
결정에 관해 서술한 경우	2점
무게 비교를 서술한 경우	2점

[해설] 용해란 두 종류 이상의 물질이 고르게 섞이는 현상으로 소금이나 설탕이 물에 녹는 것이다. 물에 설탕이나 소금을 넣고 섞으면 설탕과 소금 알갱이 하나하나가 물속에 고르게 퍼져 물 알갱이와 고르게 섞인 상태가 된다. 이때 비커 속의 어느 부분이나 설탕과 소금의 농도가 같으므로 맛도 같다. 반면에 물에 흙을 넣으면 흙은 물 밑에 가라앉으며 두 물질은 고루 섞이지 않는다. 이와 같은 경우에는 용해되었다고 하지 않는다.

설탕　　　　＋　　　　물　　　　→　　　　설탕물

07

- **바람에 의해 퍼지는 씨앗**
- 씨앗이 날개 모양이다.
- 씨에 털이 붙어 있다.
- 씨가 가볍다.
- 공기주머니가 있다.

- **동물 몸에 붙어서 퍼지는 씨앗**
- 갈고리 모양의 가시가 있다.
- 씨 겉면이 끈끈하다.

※ 유창성 [6점]

총체적 채점 기준	점수
두 항목 모두 두 가지씩 서술한 경우	6점
한 항목을 한 가지만 서술한 경우	4점
두 항목 모두 한 가지씩만 서술한 경우	2점

※ 독창성 및 융통성 [4점]

요소별 채점 기준	점수
날개 모양이나 공기주머니를 서술한 경우	2점
씨의 끈끈함을 서술한 경우	2점

[해설]

- 바람에 의해 퍼지는 씨앗 : 단풍나무, 소나무, 참마 등의 종자에는 날개가 달려 있고, 난초과 식물의 종자는 공기주머니를 갖고 있으며 민들레, 엉겅퀴, 목화 등은 종자에 털이 많이 나 있어서 바람에 잘 날린다.
- 동물 몸에 붙어서 퍼지는 씨앗 : 털진득찰, 도깨비바늘, 도꼬마리, 도둑놈의 갈고리, 뱀무 등의 씨앗에는 갈고리 모양의 가시가 나 있거나, 종자의 겉면이 끈끈하기 때문에 동물의 몸에 잘 달라붙는다.

● 단풍나무   ● 소나무   ● 참마   ● 엉겅퀴

● 털진득찰   ● 도꼬마리   ● 도둑놈의 갈고리   ● 뱀무

08

- 무중력 상태에서 우주복 입기
- 무중력 상태에서 무거운 물체 들기
- 무중력 상태에서 이동하기
- 무중력 상태에서 기계 다루기
- 무중력 상태 속에서 음식 먹기
- 무중력 상태에서 잠자기
- 무중력 상태에서 샤워하기
- 무중력 상태에서 대소변 보기 등

※ 유창성 [6점]

총체적 채점 기준	점수
다섯 가지 물체를 서술한 경우	6점
네 가지 물체를 서술한 경우	4점
세 가지를 서술한 경우	2점
한 두가지를 서술한 경우	1점

※ 독창성 및 융통성 [4점]

요소별 채점 기준	점수
생리현상 훈련을 서술한 경우	2점
우주인 관련 업무 훈련을 서술한 경우	2점

[해설] 무중력 상태를 경험하는 방법은 무중력 비행기를 9000 m까지 고도를 올려 급상승하게 한 다음, 9000 m에 도달하기 전 비행기가 엔진을 끄고 추진력만으로 비행하면 자유 낙하 상태가 돼 약 25초 동안 무중력이 생기게 된다. 25초의 짧은 시간이지만 우주복 입기, 무거운 물체 들기, 줄 잡고 이동하기, 자유롭게 이동하기 등 무중력 적응 훈련을 실시할 수 있다. 우주인의 기초 훈련은 친숙 훈련과 비행 훈련, 우주비행선 시스템 훈련으로 나뉜다. 기초 훈련은 우주정거장에서 우주인이 주어진 임무를 안전하게 수행하기 위한 적합한 행동과 지식, 기술을 가르치는 과정이다. 이중 친숙 훈련에서는 우주인이 임무를 수행하기 위해 필요한 가장 기초적인 부분을 배우는 과정이다. 여기에는 오리엔테이션과 문화 훈련, 무중력 체험 훈련, 우주유영 체험 훈련 등이 있다.

❶ 열전도율이 높은 구리를 이용해 스마트폰 내부에서 나오는 열을 외부로 빠르게 방출한다.

요소별 채점 기준	점수
구리의 열전도율을 서술한 경우	3점
열의 방출을 설명한 경우	3점

❷

- 피부와 직접적으로 닿는 웨어러블 기기에 사용하여 기기의 온도가 높아지는 것을 막는다.
- 태블릿 PC, 노트북, 컴퓨터, LCD, LED 등 첨단 IT 기기에 사용하여 기기의 온도가 높아지는 것을 막는다.
- 소방관 방화복 안쪽의 충전재로 사용하여 몸으로 전달되는 열을 막는다.
- 나무와 같이 타기 쉬운 재질의 겉표면을 둘러싸 나무로 전달되는 열을 막는다.
- 주방 가스레인지나 전기레인지 뒤쪽 벽에 붙여 화재를 예방한다.
- 조명에 설치해 뜨거워지는 것을 막는다.
- 오랜 시간 켜두는 블랙박스에 설치해 고열로 인해 화질이 떨어지는 것을 예방한다.
- 차량이나 오토바이 엔진 주위에 방열시트를 부착하여 엔진에서 나오는 열을 효과적으로 분산시킨다.

총체적 채점 기준	점수
다섯 가지 방법을 서술한 경우	8점
네 가지 방법을 서술한 경우	6점
세 가지 방법을 서술한 경우	4점
두 가지 방법을 서술한 경우	2점
한 가지 방법을 서술한 경우	1점

[해설]

❶ 방열판의 구조는 자동차나 오토바이의 라디에이터와 같은 원리이다. 열전도율이 높은 소재일수록, 공기와 닿는 표면적이 넓을수록 효과가 좋다. 얇은 구리판이나 알루미늄판을 여러 겹으로 포개어 열이 발생하는 곳에 설치하여 열에너지가 공기 중으로 빠르게 빠져 나가게 한다. 우리 주변에서 방열판이 이용되는 곳은 냉장고, 에어컨 등이 있다. 스마트폰의 메탈 케이스 소재인 알루미늄은 기존 플라스틱보다 열전도성이 높기 때문에 열 배출을 도와준다.

❷ PI 방열 시트는 개발 초기에는 항공 우주 분야의 재료로 사용됐으나 최근에는 스마트폰, 태블릿 PC, LCD, LED 등 첨단 IT 기기에 광범위하게 사용되고 있다. PI 필름은 물성, 두께, 색상, 코팅 여부에 따라 제품을 세분화할 수 있다. 최근 주목받는 제품은 전자기기에서 발생하는 열을 밖으로 빼주는 '방열시트용 PI 필름'이다. 발열과 방열 관련 이슈는 스마트폰뿐만 아니라 가전, 조명, 웨어러블 기기, 자동차 등 넓은 산업 군에서 끊임없이 다뤄질 것이다.

10

①

- 지구에서 제일 가깝기 때문에 왕래가 쉽다.
- 화성의 자전주기는 지구와 비슷한 24시간 40분이다.
- 화성은 지구와 비슷하게 25.19°기울어진 자전축을 가지며 계절의 변화가 있다.
- 극지방과 지하에 얼음의 형태로 물이 존재한다.
- 화성에 얼지 않은 물이 흐른다.
- 이산화 탄소가 주성분이지만 대기가 존재한다.

총체적 채점 기준	점수
세 가지 서술한 경우	6점
두 가지 서술한 경우	4점
한 가지 서술한 경우	2점

②

- 물 : 화성의 토양에서 얼지 않은 물을 뽑아낸다.
- 전기 에너지 : 태양전지를 이용해 전기를 만든다.
- 산소 : 물을 전기분해하여 산소를 얻는다. 또는 식물을 키워 산소를 얻는다.
- 식량 : 태양빛과 물을 이용해 우주온실하우스에서 직접 재배한다.
- 화성에서 머무를 집 : 지구에서 풍선 형태의 거주 건물을 보낸다.

총체적 채점 기준	점수
세 가지 서술한 경우	6점
두 가지 서술한 경우	4점
한 가지 서술한 경우	2점

[해설]

① 화성은 태양계에 있는 행성들 중에서는 가장 지구와 닮은 행성이다. 그러나 화성은 크기가 지구의 반 밖에 되지 않고, 중력도 1/3 정도에 불과하다. 이처럼 낮은 중력은 대기에까지 영향을 미쳐서, 화성 전체의 대기 밀도는 지구의 1 %도 안 된다. 그리고 그나마 존재하는 대기도 이산화 탄소가 96 %를 차지하고 있기 때문에 지구상의 생명체는 화성에서 생존하기 어렵다.

② 화성에서 인류가 거주하려면 생명체가 살 수 있는 공간을 만드는 단기적인 방법을 선택하거나, 자연 환경 자체를 개조하는 장기적인 방법을 추진해야 한다. 네덜란드의 마스원(Mars One) 프로젝트와 나사(NASA)의 오리온 계획은 모두 단기적인 방법이다. 반면에 화성의 자연환경을 보다 근본적으로 바꾸는 장기적인 방법으로는 테라포밍(terraforming) 이 있다. 테라포밍이란 지구가 아닌 다른 행성의 환경을 지구의 대기, 온도, 생태계와 비슷하게 바꾸어 인간이 살 수 있도록 만드는 작업으로, 화성이 유력한 후보이다. 과학자들은 광합성을 하는 미생물을 화성에 보내 화성 전체의 온도를 높이고 산소를 만들며, 대기를 변화시켜 물을 생성하는 방법을 연구하고 있지만 아직은 멀고 먼 방법이다. 이 같은 현상이 나타나기 위해서는 수백 년에서 수천 년의 시간이 필요하다.

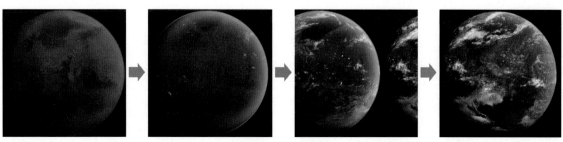

○ 화성의 테라포밍 과정

문항 구성 및 채점표

평가영역 / 문항	과학 사고력		과학 창의성		과학 STEAM	
	개념 이해력	탐구 능력	유창성	독창성	문제 파악 능력	문제 해결 능력
11	점					
12		점				
13	점					
14		점				
15			점	점		
16			점	점		
17			점	점		
18			점	점		
19					점	점
20					점	점

평가영역별 점수	개념 이해력	탐구 능력	유창성	독창성	문제 파악 능력	문제 해결 능력
	과학 사고력		과학 창의성		과학 STEAM	
	/ 40점		/ 30점		/ 30점	

총점	

평가 결과에 따른 학습 방향

사고력	35점 이상	정확하게 답안을 작성하는 연습을 하세요.
	24~34점	교과 개념과 연관된 응용문제로 문제 적응력을 기르세요.
	23점 이하	틀린 문항과 관련된 교과 개념을 다시 공부하세요.
창의성	26점 이상	보다 독창성 있는 아이디어를 내는 연습을 하세요.
	18~25점	다양한 관점의 아이디어를 더 내는 연습을 하세요.
	17점 이하	적절한 아이디어를 더 내는 연습을 하세요.
STEAM	26점 이상	답안을 보다 구체적으로 작성하는 연습을 하세요.
	18~25점	문제 해결 방안의 아이디어를 다양하게 내는 연습을 하세요.
	17점 이하	실생활과 관련된 과학 기사로 과학적 사고를 확장하는 연습을 하세요.

11

거리＝속력×시간이므로 번개를 보고 난 후 천둥소리를 들을 때까지의 시간에 소리의 속력을 곱하면 번개가 친 곳까지의 거리를 구할 수 있다. 340 m/s×5초＝1700 m이다.

요소별 채점 기준	점수
번개가 친 곳까지의 거리를 바르게 구한 경우	4점
풀이과정을 서술한 경우	4점

[해설] 번개는 전기 방전으로 생기는 불꽃으로, 하늘 사이로 뻗기도 하고 땅으로 떨어지기도 한다. 번개 중 땅으로 떨어지는 것을 벼락, 낙뢰라고 한다. 번개와 벼락에 의해 발생하는 소리가 천둥이다. 번개가 지나가는 길은 주변보다 온도가 매우 높아서 3만 ℃에 이르고 주위의 공기가 아주 빠르게 팽창하여 폭탄이 터지는 것과 같은 천둥소리를 만든다. 천둥번개가 칠 때 항상 번개가 번쩍 한 후에 얼마 지나서 '우르르 쾅' 하는 천둥소리가 들린다. 이것은 빛과 소리의 속도가 차이 나기 때문이다. 소리의 속도는 상온의 대기에서 약 340 m/s이고, 빛의 속도는 299792458 m/s이다. 따라서 속도가 훨씬 빠른 빛(번개)이 소리(천둥)보다 항상 먼저 도착한다.

12

❶ 마그네슘 금속 덩어리는 산성이 가장 센 비커 A에서, 두부 조각은 염기성이 가장 센 비커 E에서 변화가 가장 크다.

❷ 산성과 염기성이 만나면 산성과 염기성의 성질이 약해지고, 산성과 염기성의 양이 같으면 산성과 염기성의 성질이 사라져 중성이 된다.

요소별 채점 기준	점수
마그네슘과 두부의 변화를 바르게 한 경우	4점
실험을 통해 알 수 있는 점을 바르게 서술한 경우	4점

[해설]

❶ 철이나 마그네슘과 같은 금속은 산성 용액과 만나면 녹으면서 수소 기체를 발생한다. 두부와 달걀 흰자와 같은 단백질은 염기성 용액과 만나면 녹는다.

❂ 마그네슘과 염산의 반응　　❂ 두부와 수산화 나트륨의 반응

❷ 비커 B는 염기성 용액에 의해 일부가 중화되어 비커 A보다 산성이 약하고, 비커 D는 산성 용액에 의해 일부가 중화되어 비커 E보다 염기성이 약하다. 산성과 염기성을 띠는 물질이 모두 짝을 이뤄 중성이 된 비커 C에서는 마그네슘과 두부의 변화가 나타나지 않는다.

13

- 고무막을 당겼을 때 : 고무풍선이 커지고 공기가 고무풍선 안으로 들어오므로 들숨에 해당한다.
- 당겼던 고무막을 놓았을 때 : 고무풍선이 다시 작아지고 고무풍선 안에 있던 공기가 밖으로 나가므로 날숨에 해당한다.

요소별 채점 기준	점수
고무막을 당겼을 때 변화를 서술한 경우	4점
당겼던 고무막을 놓았을 때 변화를 서술한 경우	4점

[해설] 갈비뼈가 위로 올라가고 가로막이 아래로 내려가면, 가슴 안쪽의 공간이 넓어지므로 폐가 확대되고 폐의 기압이 대기의 공기보다 낮아진다. 공기는 압력이 높은 곳에서 낮은 곳으로 이동하기 때문에 압력이 높은 대기의 공기가 압력이 낮은 폐로 이동한다. 반대로 갈비뼈가 아래로 내려가고 가로막이 위로 올라가면 가슴 안쪽의 공간이 좁아지므로 폐가 축소되고 폐의 기압이 대기의 공기보다 높아져 공기가 밖으로 이동한다.

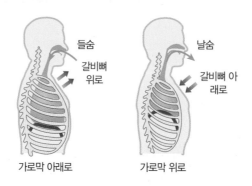

14

얼음에 의해 차가워진 집기병 바깥 부분과 페트리 접시 아랫부분에는 공기 중의 수증기가 응결되어 생긴 물방울인 이슬이 생기고, 집기병 안쪽은 집기병 안의 수증기가 응결되어 뿌옇게 흐려지는 안개가 생긴다.

요소별 채점 기준	점수
집기병과 페트리 접시에서 나타나는 변화를 서술한 경우	4점
안개와 이슬로 구분한 경우	4점

[해설] 안개와 이슬은 모두 공기 중의 수증기가 응결하여 나타나는 현상이다. 이슬은 공기 중의 수증기가 찬 곳에 닿아 생기는 것이고, 안개는 공기 중의 수증기가 응결하여 지표면 가까이에 떠 있는 현상이다. 이슬과 안개는 바람이 약하고 맑은 날 이른 아침에 볼 수 있으며, 수증기를 많이 포함하고 있는 강, 호수, 하천 지역에 잘 생긴다.

예시답안

15
- 고무동력수레의 고무줄을 많이 감는다.
- 고무동력수레 안쪽에 넣는 고무줄의 개수를 많이 한다.
- 고무동력수레의 무게를 가볍게 한다.
- 고무동력수레의 몸통과 초와의 마찰을 작게 한다.
- 고무동력수레의 몸통 양쪽에 고무줄을 감아 바닥과의 마찰을 크게 하여 잘 굴러가게 한다.

※ 유창성 [6점]

총체적 채점 기준	점수
세 가지 방법을 서술한 경우	6점
두 가지 방법을 서술한 경우	4점
한 가지 방법을 서술한 경우	2점

※ 독창성 및 융통성 [4점]

요소별 채점 기준	점수
고무줄을 변화시킨 경우	2점
무게나 마찰을 변화시킨 경우	2점

[해설] 마찰이 작고, 가볍고, 고무줄의 탄성력이 강할수록 고무동력수레가 빠르게 움직인다.

예시답안

16
- 김치가 시어졌을 때 김장독에 조개껍데기를 넣거나 김치 위에 탄산수소 나트륨을 뿌리면 염기성 물질인 조개껍데기가 신 김치의 산성을 약하게 한다.
- 추수가 끝난 논이나 밭에 석회를 뿌리면 염기성인 석회가 토양의 산성을 약하게 한다.
- 속이 쓰릴 때 제산제를 먹으면 염기성 물질인 제산제가 위산의 산성을 약하게 한다.
- 음식을 먹으면 입안이 산성이 되는데, 치약으로 양치질을 하면 염기성인 치약이 산성을 약하게 한다.
- 변기를 청소할 때 변기용 세제의 산성 물질이 염기성인 변기 때를 제거하는 데 도움을 준다.
- 생선을 손질한 도마를 씻을 때 식초를 이용하면 산성인 식초가 생선 비린내의 염기성 성분을 약하게 한다.

※ 유창성 [6점]

총체적 채점 기준	점수
다섯 가지 경우를 서술한 경우	6점
네 가지 경우를 서술한 경우	4점
세 가지 경우를 서술한 경우	2점
한두 가지 경우를 서술한 경우	1점

※ 독창성 및 융통성 [4점]

요소별 채점 기준	점수
산성을 염기성으로 중화한 경우	2점
염기성을 산성으로 중화한 경우	2점

[해설] 산과 염기를 섞으면 산과 염기의 성질이 약해지고 적절한 비율로 섞으면 중성이 된다.

17
- 뼈와 근육 : 공기와 영양소를 이용하여 에너지를 만듦으로 근육이 아프고 지친다.
- 호흡 기관 : 운동으로 생긴 이산화 탄소를 몸 밖으로 내보내고 산소를 마셔야 하므로 호흡이 빨라진다.
- 순환 기관 : 산소와 영양소를 빠르게 공급하고 노폐물을 배출해야 하므로 심장이 빨리 뛴다.
- 소화 기관 : 에너지를 만드는데 영양분을 사용해서 배가 고파진다.
- 배설 기관 : 운동으로 생긴 노폐물을 땀으로 내보낸다.
- 신경계 : 땀을 흘려 체온을 조절한다.

※ 유창성 [6점]

총체적 채점 기준	점수
다섯 개의 변화를 서술한 경우	6점
네 개의 변화를 서술한 경우	4점
세 개의 변화를 서술한 경우	2점
한두 가지의 변화를 서술한 경우	2점

※ 독창성 및 융통성 [4점]

요소별 채점 기준	점수
호흡, 순환, 소화, 배설 기관을 서술한 경우	2점
뼈와 근육, 신경계를 서술한 경우	2점

[해설] 운동을 하면 몸에 공급되는 산소의 양은 부족해지고, 내보내야 할 이산화 탄소의 양은 많아진다. 혈액 속의 이산화 탄소 양이 증가하면 호흡 운동이 촉진되어 숨을 빨리 쉬게 된다. 심장 박동 역시 혈액 속의 이산화 탄소의 양에 의해 조절되므로, 운동을 하면 혈액 속의 이산화 탄소의 양이 높아져 심장 박동을 촉진시킨다. 안정시의 심장 박동수는 분당 60~70회이고, 운동 후에는 140회까지도 증가한다.

18
- 열 전구로 모래와 물을 더 가열하여 온도 차이를 크게 한다.
- 뜨거운 물과 차가운 얼음 또는 뜨거운 모래와 차가운 얼음을 이용하여 실험한다.
- 투명 상자 위쪽 부분의 모래와 물이 위치하는 곳에 구멍을 뚫어 데워진 공기가 빠져나가도록 하여 공기의 순환이 원활하게 일어나도록 한다.

※ 유창성 [6점]

총체적 채점 기준	점수
두 가지 방법을 서술한 경우	6점
한 가지 방법을 서술한 경우	3점

※ 독창성 및 융통성 [4점]

요소별 채점 기준	점수
온도 차이를 크게 하는 방법을 서술한 경우	2점
굴뚝을 서술한 경우	2점

[해설] 지표 부근에 기압 차이가 생기면 기압이 높은 곳에서 낮은 곳으로 바람이 분다. 바람은 공기의 수평적인 움직임이며 기압이 강한 고기압에서 기압이 약한 저기압으로 흐른다. 이러한 공기의 흐름을 바람이라고 한다.

정답 및 해설

19

❶ 하늘에 충분한 양의 수증기와 물방울을 포함한 구름이 있어야 한다.

❷

- 가뭄의 정도를 여러 단계로 나누어 예측한 후 필요한 물 저장 시설을 설치한다.
- 하수를 재사용하여 농업용수로 사용할 수 있게 개발한다.
- 가뭄에 적응할 대체 식물에 대한 연구를 진행한다.
- 강 하굿둑을 만든다. 큰 강과 바다가 만나는 하구에 둑을 만들면 민물과 바닷물이 섞이는 것을 막을 수 있고 가뭄 때 민물을 사용할 수 있다.
- 나무를 많이 심고 녹지를 가꾼다. 나무뿌리는 비가 올 때 빗물을 저장해 홍수를 막고 가뭄일 때 그 물을 조금씩 흘려보내 가뭄을 막아준다.
- 평소에 지하수자원이 고갈되지 않도록 잘 관리하여 가뭄 때 사용한다.
- 바닷물을 민물로 만들어 사용한다.
- 빗물을 저장하여 사용한다.
- 저수지와 다목적댐을 건설하고 수자원을 잘 관리한다.

요소별 채점 기준	점수
구름을 서술한 경우	3점
구름에 물방울이 많아야 함을 서술한 경우	3점

총체적 채점 기준	점수
세 가지 방법을 서술한 경우	8점
두 가지 방법을 서술한 경우	5점
한 가지 방법을 서술한 경우	2점

[해설]

❶ 인공강우는 응결핵 또는 빙정핵이 적어 구름방울이 빗방울로 성장하지 못하는 구름에 응결핵을 뿌려 구름입자가 인공적으로 뭉치도록 하는 것이다. 구름은 아주 미세한 물방울인 구름입자로 이루어져 있다. 보통 구름입자의 부력이 중력보다 크기 때문에 하늘에 떠있을 수 있다. 구름입자 100만 개 이상이 합쳐져 지름 2 mm 정도의 크기가 되면 중력이 부력보다 커져 땅으로 떨어지게 된다. 구름 입자 속에 빗방울을 만드는 응결핵이 적어 구름 속 수분이 빗방울로 자라지 못할 때, 인공비 씨앗을 던져주면 수분이 폭발적으로 달라붙어 빗방울이 되어 지상으로 떨어진다. 일반적으로 온도가 0℃ 이하인 한랭 구름에는 빙정핵으로 아이오딘화 은, 냉각 물질로 드라이아이스를 사용한다. 인공강우(人工降雨)는 비를 만들어 낼 수 있는 구름층이 있어야 가능하므로 건조한 사막이나 구름층이 없는 지역에서는 활용할 수 없어 인공증우(人工增雨)라는 표현으로도 쓰인다.

❷ 인공강우로 수자원 확보, 사막화 방지, 대기오염과 안개 발생을 방지할 수 있는 장점이 있지만 부작용도 고려해야 한다. 일부 과학자들은 중국이 동북방향으로 이동하는 구름을 이용해 인공강우를 시도할 경우, 한반도에는 구름이 사라져 사막화 현상이 일어날 수 있다고 경고하고 있다. 따라서 인공강우에 대한 연구는 무분별한 시행보다는 인접 국가 및 전 지구적으로 미칠 수 있는 영향 등에 대한 연구와 병행되어 추진되어야 한다.

정답 및 해설

20

① 단백질을 소화시키는 데 작용하고 여러 가지 세균을 살균한다.

요소별 채점 기준	점수
단백질 소화를 서술한 경우	4점
살균 작용을 서술한 경우	2점

②
① 푸른색 리트머스를 떨어뜨려 색이 변하지 않고 붉은색 리트머스를 떨어뜨려 색이 푸르게 변하면 제산제는 염기성이다.
② 자주색 양배추 지시약을 떨어뜨렸을 때 파란색이나 초록색 계열로 바뀌면 제산제는 염기성이다.
③ 페놀프탈레인 용액을 떨어뜨렸을 때 붉게 변하면 제산제는 염기성이다.
④ BTB 용액을 떨어뜨렸을 때 푸르게 변하면 제산제는 염기성이다.
⑤ 산성 용액에 BTB 용액을 조금 넣고 제산제 용액을 넣었을 때 용액이 노란색에서 초록색으로 변하면 제산제는 염기성이다.

총체적 채점 기준	점수
다섯 가지 방법을 서술한 경우	8점
네 가지 방법을 서술한 경우	6점
세 가지 방법을 서술한 경우	4점
두 가지 방법을 서술한 경우	2점
한 가지 방법을 서술한 경우	1점

[해설]

① 위벽의 점막은 뮤신이라는 특수 단백질로 이루어져 있다. 단백질로 구성된 우리 신체는 산성에 아주 약하지만 뮤신은 위산에 분해되지 않으므로 위점막을 보호하고 윤활제 역할을 하여 음식물의 이동을 돕는다. 균의 감염이나 소화액의 분비 이상 등으로 위궤양, 위염으로 인해 뮤신 층에 구멍이 생기면 위산이 위점막에 직접 닿아 쓰리게 된다.

② 지시약을 이용하면 용액의 액성을 쉽게 알 수 있다.

문항 구성 및 채점표

평가영역 / 문항	과학 사고력		과학 창의성		과학 STEAM	
	개념 이해력	탐구 능력	유창성	독창성	문제 파악 능력	문제 해결 능력
21	점					
22		점				
23		점				
24	점					
25			점	점		
26			점	점		
27			점	점		
28			점	점		
29					점	점
30					점	점

평가영역별 점수	개념 이해력	탐구 능력	유창성	독창성	문제 파악 능력	문제 해결 능력
	과학 사고력		과학 창의성		과학 STEAM	
	/ 40점		/ 30점		/ 30점	

총점	

평가 결과에 따른 학습 방향

사고력	35점 이상	정확하게 답안을 작성하는 연습을 하세요.
	24~34점	교과 개념과 연관된 응용문제로 문제 적응력을 기르세요.
	23점 이하	틀린 문항과 관련된 교과 개념을 다시 공부하세요.

창의성	26점 이상	보다 독창성 있는 아이디어를 내는 연습을 하세요.
	18~25점	다양한 관점의 아이디어를 더 내는 연습을 하세요.
	17점 이하	적절한 아이디어를 더 내는 연습을 하세요.

STEAM	26점 이상	답안을 보다 구체적으로 작성하는 연습을 하세요.
	18~25점	문제 해결 방안의 아이디어를 다양하게 내는 연습을 하세요.
	17점 이하	실생활과 관련된 과학 기사로 과학적 사고를 확장하는 연습을 하세요.

21

공기보다 물에서의 굴절이 커 물속의 공기 방울은 빛을 퍼지게 하는 오목렌즈와 같은 역할을 하므로 물고기가 더 작아 보인다.

[해설] 공기 중에서 볼록 렌즈가 물체의 크기를 확대해 주는 이유는 공기보다 유리의 굴절률이 크기 때문이다. 공기의 굴절률은 약 1, 유리는 약 1.5, 물은 약 1.33이다.

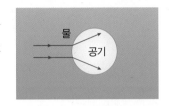

22

물총에서 피스톤 장치를 앞뒤로 움직여서 물통 안에 차 있는 공기를 압축시켜 기체의 압력을 높인 후 방아쇠를 당겨야 압축된 공기에 의해 물이 잘 분사되기 때문이다.

[해설] 물총에서 피스톤의 역할은 주사기의 피스톤과는 달리 물을 직접 압축시키는 것이 아니라, 물통 안에 차 있는 공기를 압축시켜 기압을 높이는 역할을 한다. 물통으로 공기가 주입되는 곳은 타이어나 축구공의 입구처럼 바람이 들어갈 수는 있어도 거꾸로 나올 수는 없다. 피스톤 운동을 하면서 공기를 유입시키면 물통 안의 기압이 높아지고, 이 기압 차이로 인해 물이 나간다. 따라서 피스톤을 몇 번 움직였느냐에 따라 물이 연속으로 나가는 시간이 결정된다.

23

평형수에 물고기 알, 동식물, 게 등과 물벼룩, 독성 조류, 콜레라균 같은 유해생물 등 7천여 종의 해양생물이 함께 담겨 이동한다. 이러한 외래 해양 생물이 토착 생태계의 먹이사슬의 균형을 깨뜨려 피해를 입힌다.

[해설] 배는 한 지역에서 다른 지역으로 화물이나 사람을 이동시킨다. 화물을 비우고 돌아올 때는 배의 무게가 가벼워지므로 물에 잠기는 깊이(흘수)가 얕아진다. 흘수가 얕아지면 배는 안정성이 없어져 작은 파도에도 쉽게 전복되므로 평형수를 많이 채워 배의 안정성을 높여야 한다. 화물 적재량에 따라 평형수를 조절해야 하므로 평형수는 전 세계 바다를 이동하면

정답 및 해설

서 많은 피해를 일으킨다. 우리나라 바닷가에서 쉽게 볼 수 있는 '지중해 담치(지중해에서 온 외래종)'는 번식력이 워낙 좋아서 우리 고유 홍합의 서식을 방해한다. 따라서 토착 해양생태계를 오염시키지 않고 평형수에 있는 다양한 생물을 죽이는 기술 개발이 대단히 중요하다. 이러한 문제를 해결하기 위해 국제해사기구(IMO)는 2004년 2월 '선박평형수 관리 협약'을 채택했다. 2009년 이후, 단계적으로 선박평형수 처리를 의무화해야 하며, 2017년 이전까지는 대양에서 선박평형수를 교환함으로써 해안 생물체 이동에 따른 피해를 최소화하기로 했다.

24

달이 지구 주위를 공전하기 때문에 다음날 지구가 자전하여 같은 자리로 오면 달은 보이지 않는다. 달이 하루 동안 공전한 만큼 지구가 약 50분을 더 자전해야 달을 볼 수 있다.

모범답안

요소별 채점 기준	점수
달이 공전함을 서술한 경우	2점
지구가 자전을 서술한 경우	2점

[해설] 매일 같은 시간에 달의 위치를 관측하면 전날에 비해 달이 서쪽에서 동쪽으로 움직이는 모습을 볼 수 있다. 달이 지구 주위를 하루에 13°(360°/27.3일) 만큼 공전하기 때문에 지구가 13° 자전해야 달이 보인다. 지구가 13° 자전하는 데 약 50분이 걸린다.

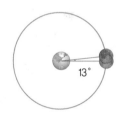

25

- 청소미화원, 경찰의 야간 안전조끼
- 아동복, 유치원복, 단체복, 스포츠 의류 등
- 가방
- 축구공 등

예시답안

※ 유창성 [6점]

총체적 채점 기준	점수
세 가지 방법을 서술한 경우	6점
두 가지 방법을 서술한 경우	4점
한 가지 방법을 서술한 경우	점

※ 독창성 및 융통성 [4점]

요소별 채점 기준	점수
안전조끼와 같이 특수 작업에서 사용하는 경우	2점
점퍼와 가방 등 일반인들이 사용하는 경우	2점

[해설] 재귀반사는 입사한 광선을 광원으로 그대로 되돌려 보내는 반사이다. 이 현상은 빛이 어느 방향에서 어느 각도로 들어오더라도 광원의 방향으로 빛을 반사한다. 이러한 재귀반사의 원리를 이용해 자동차의 전조등에서 나온 빛이 도로 표지판 등에 비쳤을 때 그 빛이 운전자에게 반사되도록 하여 쉽게 표지판을 알아보도록 한다. 굴곡이 심한 도로의 표지판이나 야간 도로 작업 표시판 등은 밤중에 물체를 쉽게 알아볼 수 있도록 대부분 재귀반사 제품을 사용한다. 일부 국가에서는 야간 교통사고를 줄이기 위해 재귀반사 제품의 착용을 의무화하고 있다.

❍ 안전조끼

❍ 재귀반사 점퍼와 가방

❍ 재귀반사 신발

❍ 재귀반사 공

26

• 즉석에서 급속 냉각시키므로 액체 입자가 매우 작게 얼어붙기 때문에 유화제를 넣지 않아도 부드러운 식감을 나타낸다.

• 천연재료를 즉석에서 아이스크림으로 만들어 신선하고 깨끗하다.

예시답안

※ 유창성 [6점]

총체적 채점 기준	점수
두 가지 장점을 서술한 경우	6점
한 가지 장점을 서술한 경우	3점

※ 독창성 및 융통성 [4점]

요소별 채점 기준	점수
급속 냉동으로 액체 입자가 작음을 서술한 경우	2점
즉석에서 만들어 신선함을 서술한 경우	2점

[해설] 질소는 공기의 약 78 %를 차지하는 기체로 냄새와 색이 없으며 안정하여 반응성이 작다. 액체 질소를 이용하면 −196 ℃까지 온도를 낮출 수 있다. 갓 생산된 농수산물을 밀폐된 용기에 넣고 액체 질소를 뿌려 주면 질소가 증발하면서 농수산물의 열을 흡수하므로 신선하고 간편하게 저장할 수 있다. 또한 유전자, 조직세포, 골수, 제대혈, 수정란 등 각종 의료용 저장 용기로도 사용되고 냉동 인간을 만들 때도 사용한다.

정답 및 해설

27

- 체온을 유지하기 위해 몸에 긴 털이 많아질 것이다.
- 추위에 견딜 수 있도록 지방층이 두꺼워져 몸집이 커질 것이다.
- 열 방출을 줄이기 위해 팔, 다리, 귀 등 신체 말단 부위가 짧아지고 작아질 것이다.
- 음식이 충분하지 않은 경우 겨울잠을 잘 것이다.
- 채식보다는 많은 열량을 낼 수 있는 육식 위주의 식사를 하게 될 것이다.
- 식량을 구하기 쉽고 체온을 유지하기 쉽도록 단체 생활을 하게 될 것이다.

※ 유창성 [6점]

총체적 채점 기준	점수
세 가지 방법을 서술한 경우	6점
두 가지 방법을 서술한 경우	4점
한 가지 방법을 서술한 경우	2점

※ 독창성 및 융통성 [4점]

요소별 채점 기준	점수
털, 몸집, 신체 말단 부위의 변화를 서술한 경우	2점
음식이나 생활 형태를 서술한 경우	2점

[해설] 지구의 역사를 돌이켜보면 우리는 꽤 여러 차례 빙하기를 겪었다. 생명이 살아가기에는 혹독할만큼 추웠던 빙하기를 지나면서 지구의 생태계는 엄청난 변화를 견뎌야 했다. 특히 200만 년 전 찾아온 빙하기 때는 지구 역사상 가장 많은 동물들이 멸종했다. 매머드와 같이 빙하기 때 살았던 생물들은 열 손실을 줄이기 위해 긴 털이 있었고 작은 귀와 꼬리 등 표면적이 작았다.

28

- 낮과 밤이 생긴다.
- 하루 동안 해, 달, 별이 동쪽에서 떠서 서쪽으로 진다.
- 하루 동안 그림자의 길이가 달라진다.
- 하루 동안 태양의 고도가 달라진다.
- 천장에 매달아 놓은 푸코진자의 진동 방향이 바뀐다.
- 인공위성 궤도가 서쪽으로 이동한다.
- 나라마다 시간이 다르다.
- 원심력이 생긴다.
- 북반구에서 직선 방향으로 적도를 향하여 발사된 물체는 오른쪽으로 휘어져 날아간다.

※ 유창성 [6점]

총체적 채점 기준	점수
세 가지 현상을 서술한 경우	6점
두 가지 현상을 서술한 경우	4점
한 가지 현상을 서술한 경우	2점

※ 독창성 및 융통성 [4점]

요소별 채점 기준	점수
낮과 밤, 해, 달, 별의 움직임의 변화를 서술한 경우	2점
인공위성 궤도, 원심력을 서술한 경우	2점

[해설] 지구는 한 시간에 약 1634 km의 빠르기로 하루에 한 번씩 지구 자전축을 중심으로 자전한다. 지구가 빨리 돌아도 우리가 같이 돌고 있기 때문에 어지럽지 않다.

29

❶ 지구가 서쪽에서 동쪽으로 자전하기 때문에 공기도 서쪽에서 동쪽으로 움직인다. (편서풍) 서쪽에서 동쪽으로 가는 런던−인천의 경우 바람의 방향과 비행 방향이 같아서 시간이 적게 걸리지만, 서쪽에서 동쪽으로 가는 서울−인천은 바람과 반대 방향으로 비행하기 때문에 저항에 의해 시간이 더 오래 걸린다.

요소별 채점 기준	점수
지구의 자전 또는 편서풍을 서술한 경우	3점
바람의 영향을 서술한 경우	3점

❷ 지구는 둥글기 때문에 지구본 위에서 서울−런던 최단 거리인 직선을 그려본 후 평면지도로 나타내면 러시아를 지나는 곡선이 된다.

요소별 채점 기준	점수
경로를 바르게 찾은 경우	4점
이유를 바르게 서술한 경우	4점

[해설]

❶ 지구는 24시간을 주기로 자전축을 중심으로 스스로 한 바퀴씩 도는 자전을 한다. 지구가 자전할 때는 지구 위에 있는 모든 물체와 공기도 함께 움직인다. 지구의 자전에 의해 위도 30° 중위도 지역은 서쪽에서 동쪽으로 편서풍이 분다. 편서풍과 같은 방향으로 비행하는 경우는 편서풍을 이용하므로 빨리 날 수 있어 시간이 적게 걸린다.

❷ 평면지도에서는 곡선으로 보이지만 실제 인천−런던의 최단 거리이다. 실제 비행기 항로는 최단 거리가 아니고 바람, 국가 간의 관계, 국제 정세에 의해 결정된다. 대한항공의 경우 옛 소련의 붕괴로 한·러시아 간 외교관계가 수립되면서 유럽으로 갈 때 시베리아를 횡단하고 미국으로 갈 때 캄차카 반도를 지나가면서 경로가 짧아졌고, 베트남 전쟁 때는 중동으로 가는 비행기가 인도차이나 반도를 남쪽으로 돌아가야 해서 경로가 길었다. 원통형 항공기 동체에는 대부분 승객들과 수하물들을 실기 때문에 대부분의 항공유는 항공기의 주 날개에 저장된다. 거대한 항공기 동체에 비해 상대적으로 얇

아 보여도 표면적이 넓기 때문에 생각보다 엄청난 양의 연료가 들어간다. 항공기 운항 중에 가장 연료가 많이 소모될 때는 순간 고출력이 필요한 이륙 순간이다. 수백톤이 넘는 항공기가 중력을 극복하고 하늘로 솟기 위한 막대한 추진력을 내기 위해 항공기의 모든 엔진을 풀가동하면 순간적으로 소모되는 연료량이 엄청나다. 연료소비량은 같은 기종, 같은 엔진이라고 해도 탑재량에 따라 다르다. 그래서 항공사는 1인당 최대 탑재 중량을 설정해서 경제적인 운항과 안전 운항에 무리를 줄 수 있는 과도한 탑재를 제한하고 있다. 건조한 지역을 이동하는 일부 항공기의 경우 외부 페인트를 벗겨내 약 400 kg의 무게를 줄여 상대적인 연료 절감 효과를 보고 있다. 습기가 많은 지역에선 비행기 동체가 부식될 수 있기 때문에 이 방법을 쓸 수 없다.

30

예시답안

❶ 도로, 철도, 담벼락으로 인해 야생동물이 다니는 생태통로가 끊어지고 새들이 전봇대나 전깃줄 등 도심의 각종 구조물에 부딪치기 때문이다.

요소별 채점 기준	점수
생태통로를 서술한 경우	3점
도심의 구조물을 서술한 경우	3점

❷

- 사람들의 활동과 차단되어야 한다.
- 입구와 출구가 주변 생태계와 어울려야 한다.
- 동물의 도로 출입을 차단하는 시설이 있어야 한다.
- 사람이 이용하는 등산로와 산책로 등과 차단되어야 한다.
- 생태통로로 연결되는 유도 펜스가 설치되어야 한다.
- 경사가 급하지 않아야 한다.
- 동물이 이동할 때 몸을 숨길 수 있도록 나무, 바위 등이 있어야 한다.
- 주변과 비슷한 식물들을 심어야 하고 야생동물들의 이동에 지장이 없어야 한다.
- 차량의 불빛과 소음의 영향이 있는 곳은 나무로 된 차단 벽을 설치해야 한다.
- 생태통로 내부로 물이 흐르는 것을 예방하기 위해 배수로를 설치하는 경우 배수로 탈출 시설을 설치하거

정답 및 해설

나 덮개를 덮어 야생동물의 이동에 지장이 없도록 해야 한다.

- 연 1회 이상 현장을 점검하고 시설 등을 보완할 수 있는 규정을 만들어야 한다.
- 야생동물이 실제 이용하고 있는지 확인할 수 있는 무인센서 카메라 등이 설치되어야 한다.

총체적 채점 기준	점수
다섯 가지 방법을 서술한 경우	8점
네 가지 방법을 서술한 경우	6점
세 가지 방법을 서술한 경우	4점
두 가지 방법을 서술한 경우	2점
한 가지 방법을 서술한 경우	1점

[해설]

❶ 야생동물의 도심 출현이 급증한 것은 등산 인구의 증가가 일차적 원인이라는 분석이 지배적이다. 특히 등산객이 도토리 같은 열매를 싹쓸이해 동물들이 먹이를 찾아 도시로 나오거나 도심으로 나온 야생동물이 도로의 방음벽이나 가드레일에 막혀 서식지로 돌아가지 못하고 도심 근처에 머무는 경우도 있다.

❷ 생태통로는 도로 및 철도 등에 의하여 단절된 생태계의 연결 및 야생동물의 이동을 위한 인공구조물로, 야생동물이 노면을 거치지 않고 도로를 건널 수 있도록 조성하며 일반적으로 육교형과 터널형으로 구분된다. 육교형 생태통로의 경우 대형 사슴류의 이동 통로가 되며 단절된 자연경관을 연결하는 것이 목적이므로 100 m 이상의 폭으로 대규모로 설치한다. 터널형 생태통로는 고라니 등 중형의 야생 포유류, 양서류, 파충류의 이동 통로가 된다.

문항 구성 및 채점표

평가영역 문항	과학 사고력		과학 창의성		과학 STEAM	
	개념 이해력	탐구 능력	유창성	독창성	문제 파악 능력	문제 해결 능력
31		점				
32	점					
33	점					
34		점				
35			점	점		
36			점	점		
37			점			
38			점	점		
39					점	점
40					점	점

평가영역별 점수	개념 이해력	탐구 능력	유창성	독창성	문제 파악 능력	문제 해결 능력
	과학 사고력		과학 창의성		과학 STEAM	
	/ 40점		/ 30점		/ 30점	

총점	

평가 결과에 따른 학습 방향

사고력	35점 이상	정확하게 답안을 작성하는 연습을 하세요.
	24~34점	교과 개념과 연관된 응용문제로 문제 적응력을 기르세요.
	23점 이하	틀린 문항과 관련된 교과 개념을 다시 공부하세요.

창의성	26점 이상	보다 독창성 있는 아이디어를 내는 연습을 하세요.
	18~25점	다양한 관점의 아이디어를 더 내는 연습을 하세요.
	17점 이하	적절한 아이디어를 더 내는 연습을 하세요.

STEAM	26점 이상	답안을 보다 구체적으로 작성하는 연습을 하세요.
	18~25점	문제 해결 방안의 아이디어를 다양하게 내는 연습을 하세요.
	17점 이하	실생활과 관련된 과학 기사로 과학적 사고를 확장하는 연습을 하세요.

31

- **면봉을 사용한 터치펜**
  ① 펜을 돌려 분리한 다음, 심을 빼고 다시 결합한다.
  ② 면봉의 한쪽 머리를 가위로 잘라낸 다음, 볼펜 심 자리에 면봉을 끼운다.
  ③ 알루미늄 포일로 면봉의 머리를 남기고 전부 감싸준 다음, 테이프로 잘 붙여준다.
  ④ 면봉의 머리에 물을 묻혀서 터치스크린에 터치해 본다.

- **알루미늄 포일을 사용한 터치펜**
  ① 펜을 알루미늄 포일로 모두 감싼다.
  ② 손으로 잡고 터치스크린에 터치해 본다.

요소별 채점 기준	점수
터치펜을 설계한 경우	4점
터치스크린에서 손까지 전류가 흐르도록 설계한 경우	4점

❶ 면봉을 사용한 터치펜

❶ 알루미늄 포일을 사용한 터치펜

터치펜

[해설] 정전식 터치스크린은 물체가 접촉했을 때 흐르는 전기를 감지하기 때문에 전기가 통하지 않는 물체가 손과 스크린 중간에 있으면 그 신호를 감지하지 못한다. 따라서 손부터 스크린까지 도체로 이어지도록 터치펜을 만들어야 한다. 알루미늄 포일은 다른 물체를 잘 감쌀 수 있어서 응용하기 편리하다. 물 묻힌 면봉은 크기가 적당하고 물을 묻히면 부드러워서 쓰기가 편리하다.

 32

- **공기를 넣은 고무풍선** : 바로 터진다. 알코올램프의 열이 고무풍선을 발화점 이상으로 가열하기 때문이다.
- **물을 넣은 고무풍선** : 가열해도 터지지 않는다. 알코올램프의 열이 물로 전달되어 고무풍선이 발화점 이상으로 가열되지 않기 때문이다.

요소별 채점 기준	점수
공기를 넣은 고무 풍선의 결과를 바르게 서술한 경우	4점
물을 넣은 고무 풍선의 결과를 바르게 서술한 경우	4점

[해설] 물체가 타기 위해서는 일정 온도에 도달해야 한다. 물이 들어 있을 때 고무풍선이 타지 않는다는 것은 고무풍선이 타는 온도 즉, 발화점에 도달하지 않기 때문이다. 마찬가지로 종이컵에 물을 넣고 가열하면 열이 물로 이동하므로 종이가 타지 않고 물이 끓는다. 물이 모두 끓으면 종이가 발화점 이상으로 가열되어 종이가 탄다.

33

예방주사로 병에 걸리지 않을 정도로 약하게 만든 병원균(백신)을 주사하면 우리 몸이 이들 균들에 대항할 수 있는 물질을 미리 만들어 병에 대비할 수 있기 때문이다.

모범답안

총체적 채점 기준	점수
약하게 만든 병원균을 서술한 경우	4점
균들에 대항할 수 있는 물질을 만든다고 서술한 경우	4점

[해설] 세균이나 바이러스와 같은 병원균(항원)이 우리 몸에 들어오면 우리 몸은 스스로 항체라는 물질을 만들어 항원을 무찌르고 방어한다. 우리 몸은 한 번 앓았던 병을 기억했다가 같은 항원이 들어오면 재빠르게 항체를 만들어 공격하여 물리친다. 이를 '면역력이 생겼다'라고 한다. 요즘은 주사로 맞는 백신 이외에 먹는 백신도 있다.

34

(나) 위치에 있을 때는 태양 고도가 높고 낮이 밤보다 긴 여름이다. (라)의 위치에 있을 때는 태양 고도가 낮고 밤이 낮보다 긴 겨울이다.

모범답안

요소별 채점 기준	점수
계절을 바르게 쓴 경우	4점
이유를 바르게 서술한 경우	4점

[해설] 지구 자전축이 기울어진 상태로 태양 주위를 공전하기 때문에 위치에 따라 태양의 남중 고도와 낮의 길이가 달라지므로 계절이 생긴다. 태양의 남중고도가 낮으면 태양 복사 에너지가 넓은 지역에 퍼지므로 기온이 낮아지고 태양의 남중 고도가 높으면 태양 복사 에너지가 좁은 지역에 집중되므로 기온이 높아진다.

◎ 태양의 고도가 낮을 때

◎ 태양의 고도가 높을 때

예시답안

35

- 전자석에 클립이 많이 붙을수록 전자석의 힘이 강하다.
- 전자석에 클립을 일자로 연결해 붙였을 때 클립이 많이 붙을수록 전자석의 힘이 강하다.
- 전자석과 클립 하나를 바닥에 놓고 전자석을 클립에 가까이했을 때 클립이 끌려오는 거리가 멀수록

전자석의 힘이 강하다.

- 나침반의 돌아가는 속도가 빠를수록 전자석의 힘이 강하다.
- 나침반의 돌아가는 각도가 클수록 전자석의 힘이 강하다.

[해설] 코일 속에 여러 가지 막대를 끼워서 전자석의 세기를 비교해 보면, 철심을 끼우는 경우에는 쇠붙이가 잘 끌려오지만 다른 막대를 끼우면 잘 끌려오지 않는다. 전선을 둥글게 감아 만든 코일 속에 철심이 없거나 다른 막대를 넣는다 하더라도, 전류가 흐르는 코일 주위에 자기장이 생기기 때문에 전자석 역할을 한다. 그러나 전자석 내부에 철심을 넣는 이유는 코일에 흐르는 전류가 만든 자기장에 의해 철심도 자화되기 때문이다. 코일이 철심에 유도한 자기장은 코일 자체의 자기장보다 약 1000배가 되므로 자기력의 세기가 엄청나게 커진다.

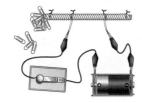 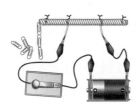 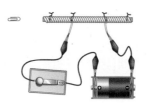 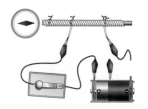

예시답안

36

- **탈 물질 제거**
  - 손으로 바람을 일으켜 촛불을 끈다.
  - 초의 심지를 자른다.
  - 산불이 난 주변의 나무를 벤다.
  - 가스레인지의 밸브를 잠근다.

- **산소 차단**
  - 알코올램프의 뚜껑을 덮는다.
  - 물에 적신 걸레로 덮는다.
  - 물을 뿌린다.
  - 소화기로 끈다.

- **발화점 이하로 온도를 낮추기**

－물에 적신 걸레로 덮는다.

－물을 뿌린다.

－소화기로 끈다.

※ 유창성 [10점]

총체적 채점 기준	점수
세 가지 항목에 두 가지씩 모두 서술한 경우	10점
세 항목 중 두가지와 한 가지가 섞여 있는 경우	7점
세 가지 항목에 한 가지씩 서술한 경우	4점
세 항목 중 하나로 답을 쓰지 않은 경우	2점

[해설] 물에 적신 걸레로 덮거나 물을 부어 불을 끄는 경우는 공기 중의 산소를 차단하는 경우와 온도를 발화점 이하로 내리는 두 조건 모두에 해당한다.

예시답안

37

• 푸른 곰팡이를 비누와 세제로 만들어 사용하여 질병을 일으키는 세균으로부터 건강을 지킨다.

• 오염 물질을 분해하는 특성이 있는 곰팡이와 세균을 이용하여 하수 정화하는 데 이용한다.

• 오염 물질을 분해하는 특성이 있는 곰팡이와 세균을 이용하여 쓰레기 처리 시설에서 쓰레기를 처리하는 데 활용한다.

• 오염 물질을 분해하는 특성이 있는 곰팡이와 세균을 이용하여 배설물을 정화하는 데 활용한다.

• 곰팡이와 세균으로 만든 생물 농약으로 해충이 싫어하는 물질을 만들어 해충을 없앤다.

• 곰팡이와 세균으로 만든 생물 농약으로 바퀴벌레와 같은 해충을 없애는 살충제로 활용한다.

• 곰팡이와 세균으로 만든 생물 농약으로 모기와 같은 해충이 모여들지 않도록 하는 방충제로 사용한다.

• 곰팡이와 세균이 동물의 배설물을 분해할 때 생성되는 바이오 연료로 자동차를 움직인다.

• 세균을 활용하여 스키장의 인공 눈을 만든다.

• 세균을 활용하여 당뇨병 치료를 위한 약을 대량 생산한다.

• 석유 정화 세균을 활용하여 바다에 유출된 석유를 정화한다.

• 곰팡이를 활용하여 중금속 오염을 막는다.

• 질병을 일으키는 세균을 죽이는 바이러스를 사용하여 병을 치료한다.

※ 유창성 [10점]

총체적 채점 기준	점수
다섯 가지 방법을 서술한 경우	10점
네 가지 방법을 서술한 경우	8점
세 가지 방법을 서술한 경우	6점
두 가지 방법을 서술한 경우	4점
한 가지 방법을 서술한 경우	2점

[해설] 바이오 연료는 동식물의 생물체와 음식물 쓰레기, 축산 폐기물 등을 분해하거나 발효시켜서 만든 연료이다. 화석 연료보다 이산화 탄소를 적게 배출하고 빠르게 대량 생산이 가능하여 신재생 에너지로 각광받고 있다.

38

- 햇빛이 강하게 비치는 남쪽을 향하도록 만든다.
- 태양전지와 태양빛이 수직이 되도록 태양이 움직이는 쪽으로 태양전지도 같이 움직이도록 만든다.
- 계절에 따라 태양 고도가 달라지므로 태양전지 각도를 계절에 맞춰 조절한다.
- 태양빛을 더 많이 흡수할 수 있는 효율이 높은 태양전지를 개발한다.
- 일조량이 높은 곳에 태양광발전소를 건설한다.
- 태양전지가 가열되지 않도록 자동으로 물을 분사하는 장치를 만든다.

※ 유창성 [6점]

총체적 채점 기준	점수
세 가지 현상을 서술한 경우	6점
두 가지 현상을 서술한 경우	4점
한 가지 현상을 서술한 경우	2점

※ 독창성 및 융통성 [4점]

요소별 채점 기준	점수
태양전지의 각도를 변화시키는 방법을 서술한 경우	2점
장소와 관련된 방법을 서술한 경우	2점

[해설] 태양전지는 태양빛을 모아 직접 전기 에너지로 변환시키는 기술로, 태양열을 모아 뜨거운 물로 가열한 뒤 발생하는 수증기를 이용해 전력을 생산하는 태양열 발전과 구별된다. 태양광 발전시스템은 국내에 460여개 발전소가 있지만 대부분 규모가 작다. LG솔라에너지가 준공한 태안 태양광 발전소는 순간 발전용량이 13.77 MW로 단일 규모로는 국내 최대이며, 태안 지역 8000가구에 전력을 공급한다. 태안 태양광 발전소는 다른 지역의 발전소와 달리 바닥에 흙과 자갈 대신 잔디를 심고 배수로에 연못을 조성해 태양전지의 온도 상승을 막아 발전 효율을 최대화하도록 했다. 실제 태양전지가 일정 온도 이상으로 올라가면 오히려 효율이 떨어진다. 실제로 햇빛이 가장 강하게 비치는 한여름에 일 년 중 태양전지 효율이 제일 낮게 나온다. 태양광 발전은 공해를 발생시키지 않는 청정에너지이며 무제한적인 햇빛을 이용하므로 경제적이다. 또한 유지 보수가 쉽고 무인화가 가능하며 20년 이상의 긴 수명을 갖고 있다.

39

❶ 헤어드라이어가 과열되면 내부의 바이메탈이 휘어져 전류가 끊어진다. 헤어드라이어가 차가워지면 바이메탈이 원래 모양으로 되돌아와 전류가 다시 흘러 작동된다.

요소별 채점 기준	점수
바이메탈이 과열되면 휘어져 전원이 끊어짐을 서술한 경우	6점
바이메탈이 식으면 전류가 흐름을 서술한 경우	2점

❷
- 전기밥솥이나 전기장판에 바이메탈을 사용하면 특정 온도 범위를 유지하게 만들 수 있다.
- 전기주전자에 바이메탈을 사용하면 물이 끓었을 때 전원을 자동으로 끊어지게 할 수 있다.
- 누전 차단기에 바이메탈을 사용하면 과열되었을 때 전원을 자동으로 끊어지게 할 수 있다.
- 온도에 따라 바이메탈이 휘어지는 정도를 바늘로 표현하여 온도계를 만든다.
- 가스레인지 화구 내부에 바이메탈을 사용하면 과열되었을 때 자동으로 가스 공급을 차단할 수 있다.
- 화재 감지기 내부에 바이메탈을 사용하면 화재 발생 시 온도가 상승하면 바이메탈이 휘어져 전류가 흘려

자동으로 경보를 울리게 할 수 있다.

- 냄비나 컵에 바이메탈을 사용해 뜨거워졌을 때 전류가 흘러 점자로 주의를 알려주면 시각장애인들이 화상을 입는 것을 막을 수 있다.
- 보일러 배관에 바이메탈을 포함한 열선을 연결해 동파가 우려될 때 열선이 작동하도록 한다.

총체적 채점 기준	점수
다섯 가지 방법을 서술한 경우	8점
네 가지 방법을 서술한 경우	6점
세 가지 방법을 서술한 경우	4점
두 가지 방법을 서술한 경우	2점
한 가지 방법을 서술한 경우	1점

[해설]

❶ 바이메탈은 열팽창 정도가 다른 두 금속판을 포개어 붙여 한 장으로 만든 것이다. 온도가 높아지면 더 많이 팽창하는 금속 반대쪽으로 휘고 온도가 내려가면 원래 상태로 돌아온다. 팽창이 잘 되지 않는 금속으로 니켈과 철의 합금이 사용되며, 팽창이 잘 되는 금속은 니켈·망가니즈·철의 합금, 니켈·몰리브데넘·철의 합금, 니켈·망가니즈·구리의 합금 등 여러 가지가 있다.

❷ 전기밥솥이나 전기장판의 내부 열선에 전류가 흐르면 온도가 올라가고, 이에 따라 바이메탈이 조금씩 위로 휘어진다. 특정 온도가 되면 바이메탈이 스위치를 열어 전류를 끊는다. 서서히 밥솥이 식으면 바이메탈도 다시 아래로 내려가 스위치가 닫히고 다시 가열된다. 보일러의 경우 온도가 낮아지면 바이메탈이 수축하면서 휘어져 스위치가 닫히고 가열되면 스위치가 끊어진다.

40

예시답안

❶ 연탄과 같은 고체 연료를 태우면 불완전 연소가 일어나 연탄이 완전히 타지 못하고 일산화 탄소와 그을음이 생긴다. 그러나 도시가스와 같은 기체 연료는 완전 연소하므로 모두 인체에 피해가 없는 수증기와 이산화 탄소로 바뀌고 찌꺼기가 남지 않는다.

요소별 채점 기준	점수
완전 연소를 서술한 경우	4점
그을음이 생기지 않음을 서술한 경우	2점

❷

- 사이클론 필터는 일반 필터와는 달리 회전하면서 회오리바람을 일으킨다. 공기를 강하게 회전시키기 때문에 벽면에 닿는 공기의 저항을 최소화할 수 있고 통기성도 좋아지며, 더 많은 공기가 엔진 속으로 흡입될 수 있도록 도와준다. 이는 완전 연소를 위해 부채질을 해주는 것과 같은 효과이다.
- 공기를 빨아들이고 걸러주는 필터의 면적을 넓게 하여 많은 양의 공기가 들어갈 수 있도록 한다.

총체적 채점 기준	점수
아이디어가 구체적인 경우	4점
이유를 바르게 서술한 경우	4점

정답 및 해설

⬀ 사이클론 필터

⬀ 면적이 넓은 필터

사이클론 필터

- 배기가스나 다른 모터를 이용하여 공기의 압력을 높여 엔진 안에 많은 공기가 들어갈 수 있도록 한다. (터보차저의 원리)

⬀ 공기 압력 증가시키는 방법

- 공기가 이동하는 통로를 되도록 일자로 만들어 공기의 흐름을 좋게 한다.
- 공기가 이동하는 통로를 넓고 짧게 만들어 공기의 흐름이 빨라지게 한다.

[해설]

❶ 현재 연료로 사용되고 있는 것은 석탄·석유·천연가스 등 광물자원에 의한 것이 많지만 나무·목탄·마른풀·동식물 유지 등 생물자원에 의한 것도 있다. 석탄은 그냥 그대로 사용하는 경우가 많으나, 직접 연료로 사용하면 불을 붙이기 힘들고 조작이 번거롭고 재가 생겨 더러워지며, 다른 유용한 함유물도 타버리는 등의 단점이 있어 가열하여 석탄가스, 가스액, 콜타르, 코크스 등으로 만들어 연료나 화학공업원료로 사용하고 있다. 천연가스는 우리나라에는 매장량이 없어 전량 수입하여 각 가정의 도시가스로 사용되고 있다.

❷ 물질이 연소할 때 산소의 공급이 불충분하거나 온도가 낮으면 그을음이나 일산화 탄소가 생성되면서 연료가 완전히 연소되지 못하는 불완전 연소가 일어난다. 불완전 연소가 일어나면 그을음, 일산화 탄소, 탄화 수소를 배출하여 대기를 오염시킨다. 연료의 구성이 탄소에 비해 수소의 수가 많은 물질인 LNG(CH_4)나 LPG(C_3H_8) 등이 연소할 때에는 필요한 산소의 수가 적으므로 완전 연소하기 쉽고, 탄소에 비해 수소의 수가 적은 물질, 휘발유(C_8H_{18}), 경유($C_{16} \sim C_{18}$) 등은 연소할 때 필요한 산소의 수가 상대적으로 많아 불완전 연소하여 그을음이나 일산화 탄소, 탄화 수소를 배출하기 쉽다.

문항 구성 및 채점표

문항 \ 평가영역	과학 사고력		과학 창의성		과학 STEAM	
	개념 이해력	탐구 능력	유창성	독창성	문제 파악 능력	문제 해결 능력
41		점				
42	점					
43	점					
44		점				
45			점	점		
46			점	점		
47			점	점		
48			점	점		
49					점	점
50					점	점

평가영역별 점수	개념 이해력	탐구 능력	유창성	독창성	문제 파악 능력	문제 해결 능력
	과학 사고력		과학 창의성		과학 STEAM	
	/ 40점		/ 30점		/ 30점	

총점	

평가 결과에 따른 학습 방향

사고력	35점 이상	정확하게 답안을 작성하는 연습을 하세요.
	24~34점	교과 개념과 연관된 응용문제로 문제 적응력을 기르세요.
	23점 이하	틀린 문항과 관련된 교과 개념을 다시 공부하세요.

창의성	26점 이상	보다 독창성 있는 아이디어를 내는 연습을 하세요.
	18~25점	다양한 관점의 아이디어를 더 내는 연습을 하세요.
	17점 이하	적절한 아이디어를 더 내는 연습을 하세요.

STEAM	26점 이상	답안을 보다 구체적으로 작성하는 연습을 하세요.
	18~25점	문제 해결 방안의 아이디어를 다양하게 내는 연습을 하세요.
	17점 이하	실생활과 관련된 과학 기사로 과학적 사고를 확장하는 연습을 하세요.

41

뜨거운 기름 안에 넣으면 빵가루에 포함된 탄산수소 나트륨이 분해되어 이산화 탄소 기체가 발생한다. 이산화 탄소가 아이스크림과 튀김옷 사이에서 열이 이동하는 것을 막아주기 때문에 아이스크림이 녹지 않는다.

요소별 채점 기준	점수
이산화 탄소의 발생을 서술한 경우	4점
기체가 열의 이동을 막아줌을 서술한 경우	4점

[해설] 튀김 옷에 들어가는 탄산수소 나트륨은 열에 의해 분해되어 이산화 탄소가 발생한다. 이때 발생되는 이산화 탄소가 튀김 옷을 부풀리는 역할을 한다. 기체는 열전도율이 매우 낮다. 공기의 열전도율은 물의 열전도율과 비교했을 때 약 25배 낮다. 우리가 100 ℃가 넘는 사우나실에서 화상을 입지 않는 이유도 열전도율이 낮은 수증기(공기) 때문이다.

42

- 촛불이 꺼지는 이유 : 비커로 덮으면 산소가 공급되지 않으므로 촛불이 꺼진다.
- 비커 안으로 물이 들어오는 이유 : 촛불이 꺼지면서 온도가 내려가 팽창되었던 공기가 수축하여, 비커 내부의 압력이 낮아지므로 물이 비커 안으로 들어간다.

요소별 채점 기준	점수
촛불이 꺼지는 이유를 서술한 경우	4점
비커 안으로 물이 들어오는 이유를 서술한 경우	4점

[해설] 비커로 촛불을 덮으면 촛불의 열에 의해 공기가 팽창하여 비커 밖으로 나가기 때문에 기포가 생긴다. 불이 꺼지면 팽창된 공기의 온도가 내려가 압력이 낮아지므로 비커 안으로 물이 들어온다. 초의 수를 늘리면 비커 안으로 들어오는 물의 양이 많아진다.

43

- 사슴의 수가 폭발적으로 증가한다.
- 수많은 사슴이 식물을 뜯어 먹어 초원이 황폐화된다.
- 새끼 사슴이 먹이 부족으로 먼저 죽는다.
- 절반 이상의 사슴이 겨울 동안 굶주리고 병을 앓아 죽는다.

요소별 채점 기준	점수
사슴 수 증가를 서술한 경우	4점
추원의 황폐화를 서술한 경우	4점

[해설] 인간의 개입으로 인해 퓨마와 늑대 등 포식자가 없어지자 처음 몇 년 동안은 사슴의 개체 수가 늘어났다. 그러나 사슴은 늘어났어도 카이바브 고원의 초지(풀이 나 있는 땅)는 그대로였기 때문에 고원의 풀들은 급격하게 줄어들었다. 1918년부터 결국 고원은 점차 황량해져 갔다. 먹이가 부족해진 사슴들은 굶어 죽었다. 1924년부터 그 이듬해 봄까지 무려 절반

이상의 사슴이 굶어 죽었다. 늑대와 퓨마가 사라지기 전까지 카이바브 고원은 '풀 → 사슴 → 늑대와 퓨마' 사이에 안정된 먹이 사슬이 형성되어 있었다. 늑대와 퓨마는 사슴을 잡아먹는 못된 포식자가 아니라, 사슴 개체 수를 적절하게 유지해 주어 초원 생태계의 균형을 잡아주는 존재였다. 한 종의 멸종은 때때로 다른 종의 개체 수를 변화시켜 생태계의 교란을 가져올 수 있다.

모범답안

44

차가운 북서 계절풍이 이동하다 태백산맥을 만나면 산을 타고 올라간다. 높은 곳으로 올라간 공기는 압력이 낮아지므로 부피가 팽창하고 기온이 낮아진다. 온도가 낮아지면 공기 중의 수증기가 응결되어 안개나 구름이 생기고 구름이 더욱 발달하면 비나 눈이 내린다. 반대로 공기가 산을 넘어 내려오면 기압이 높아져 부피가 줄어들므로 온도가 상승한다. 따라서 공기 중의 응결된 물방울이 수증기로 변하기 때문에 날씨가 맑고 건조해진다.

요소별 채점 기준	점수
공기가 산을 오르면서 응결됨을 서술한 경우	4점
공기가 산을 내려오면서 응결된 물방울이 증발됨을 서술한 경우	4점

[해설] 한라산도 찬 북서풍을 막아 준다. 한라산 남쪽에 위치한 서귀포는 한라산 북쪽에 위치한 제주시보다 겨울에 훨씬 따뜻하다. 서귀포는 한겨울에도 이른 봄과 같은 날씨가 나타나며, 우리나라에서 봄꽃 소식이 가장 먼저 전해지는 곳이다.

예시답안

45

- 물이 들어 있는 둥근 그릇을 놓고 본다.
- 투명한 지퍼 백에 물을 넣고 본다.
- 물이 들어 있는 비커 옆면으로 본다.
- 물방울을 놓고 본다.
- 유리 막대를 놓고 본다.

※ 유창성 [6점]

총체적 채점 기준	점수
세 가지 방법을 서술한 경우	6점
두 가지 방법을 서술한 경우	4점
한 가지 방법을 서술한 경우	2점

※ 독창성 및 융통성 [4점]

요소별 채점 기준	점수
물이 담긴 둥근 그릇을 서술한 경우	4점
물방울이나 유리 막대를 서술한 경우	4점

[해설] 볼록 렌즈처럼 둥근 물체로 한 팔 길이 이상으로 멀리 있는 풍경을 한 팔 길이 이상으로 떨어뜨려서 보면 거꾸로 뒤집어져 보이고 한 뼘 길이 정도로 가까이에서 보면 크고 똑바로 보인다. 볼록 렌즈처럼 둥근 물체를 통해 한 뼘 길이 정도로 가까이 있는 물체를 보면 크고 똑바로 보인다. 밑면이 오목한 컵에 담긴 물처럼 오목 렌즈와 같은 물체로 다른 물체를 보면 항상 작고 똑바로 보인다.

46
- 방울토마토나 달걀을 넣었을 때 많이 뜰수록 진한 용액이다.
- 증발시켰을 때 소금 결정이 많이 생길수록 진한 용액이다.
- 같은 양의 소금을 더 녹일 때 적게 녹을수록 진한 용액이다.
- 각 비커에 색이 다른 색소를 넣어 액체탑을 쌓아본다. 아래에 있을수록 진한 용액이다
- 전구, 전지, 소금물을 연결했을 때 전구의 밝기가 밝을수록 진한 용액이다.

[해설]
- 물에 소금을 녹이면 처음에는 잘 녹지만 계속 녹이면 더 이상 녹지 않고 가라앉는다. 이때를 포화 상태라고 한다. 온도가 높을수록 물의 양이 많을수록 소금이 녹을 수 있는 양이 많아진다. 포화 상태의 용액을 온도를 낮추거나 물을 증발시키면 녹지 못하는 소금(용질)이 결정으로 나타난다. 온도를 많이 낮출수록 증발된 물의 양이 많을수록 결정이 많이 생긴다.
- 농도는 용액 속에 용질이 녹아 있는 정도를 말한다. 농도가 높은 진한 용액은 묽은 용액보다 용질이 많이 녹아 있어 같은 부피에 해당하는 무게가 무거우므로, 진한 용액에서 물체가 많이 떠오른다.
- 소금물은 전기가 통하며, 소금이 많이 녹아있을수록 전기가 잘 흐른다.

47
- 햇빛 : 투명한 유리를 통해 공급받는다.
- 물 : 증산 작용에 의해 공기 중으로 배출된 물과 흙에서 증발한 물이 유리병에 맺혀 있다가 다시 흙 속으로 돌아가고, 식물의 뿌리가 이 물을 다시 흡수한다.
- 산소 : 낮에 광합성으로 산소를 만들고 호흡에 이용한다.
- 이산화 탄소 : 주로 밤에 호흡으로 이산화 탄소가 생성되고 낮에 광합성에 사용한다.

[해설] 공기 중 수증기 양이 일정한 양을 넘어서면(포화 상태) 물방울로 액화된다. 테라리움 용기 속은 습도가 높기 때문에 습도가 높은 환경에서 살아가는 식물(양치류의 아스프레니움, 네프로레피스, 프테리스, 아디안텀, 베고니아, 마란타비콜라)이나 생명력이 강한 야생화를 키우는 것이 좋다. 햇빛이나 바람을 좋아하는 일반 식물은 적합하지 않다.

정답 및 해설

48

- 높은 온도에서 견딜 수 있는 보호막과 탐사로봇
- 빛과 열을 차단할 수 있는 특수 재질로 만들어진 탐사 차량
- 탐사선과 탐사로봇을 식힐 수 있는 냉각 장치
- 장기간의 비행에 견딜 수 있는 탐사선
- 고장이 적으며 신뢰도가 높은 관측장치
- 미약한 전파에서도 잘 작동되는 통신 기술
- 태양빛으로 직접 전력을 만드는 태양전지

※ 유창성 [6점]

총체적 채점 기준	점수
다섯 가지 방법을 서술한 경우	6점
네 가지 장비를 서술한 경우	5점
세 가지 장비를 서술한 경우	4점
두 가지 방법을 서술한 경우	3점
한 가지 방법을 서술한 경우	2점

※ 독창성 및 융통성 [4점]

요소별 채점 기준	점수
금성의 특징과 관련된 장비를 서술한 경우	2점
일반적인 우주탐사 장비를 서술한 경우	2점

[해설] 금성은 지구에서 가장 가까운 행성이고, 지구와 크기가 비슷하다. 행성의 표면은 암석으로 되어 있고 온도가 매우 높으며, 두꺼운 구름으로 뒤덮여 있다. 1960년대에는 주로 화성과 금성의 탐사가 이루어졌다. 소련의 경우 베네라(Venera) 시리즈로 금성에 중점을 두었으며, 미국은 마리너(Mariner) 시리즈로 화성에 중점을 두고 탐사를 진행했다. 소련의 베네라 시리즈는 금성 표면에 착륙하여 몇몇 영상을 보내오기도 하고 대기의 구조도 조사했다. 베네라 1·2·3의 실패 이후 베네라 4가 금성 대기권 진입에 성공했고, 이후 베네라 7에 이르러서야 금성 표면에 무사히 내려앉아 교신에 성공했다. 미국은 1978년 파이어니어 비너스를 금성에 착륙시키는 데 성공했지만 67분 만에 통신이 끊겼다. 이후 1990년에는 미국의 금성 탐사선인 마젤란이 발사되어 1995년까지 금성 궤도를 순회하며 자료를 보내왔다.

49

① 밀폐된 방에서 산소가 부족해 불길이 사그라들고 있던 상황에서 문을 열면 산소가 공급되면서 화재가 확산된다.

요소별 채점 기준	점수
밀폐된 곳에 산소가 부족함을 서술한 경우	3점
산소가 공급되면서 불이 커졌음을 서술한 경우	3점

②

- 옥상이나 높은 곳에 구멍을 뚫어 연소하지 않은 뜨거운 가연성 기체를 빼내고 실내 온도를 낮춘 후 문을 열면 산소가 공급되어도 불이 붙지 않는다. 이는 연소의 조건 중 탈 물질을 제거하는 방법이다.
- 문을 열면서 동시에 물을 뿌린다. 문은 되도록 천천히 조금씩 열고 그와 동시에 방 안쪽을 향하여 많은 물을 뿌리면 산소가 공급되어도 물에 의해 발화점 이상으로 가열되지 않기 때문에 화재가 확산되지 않는다.

총체적 채점 기준	점수
화재 진압 방법을 서술한 경우	4점
이유를 바르게 서술한 경우	4점

❶ 지하실이나 폐쇄된 공간에서 화재가 발생한 경우 산소가 부족해지면서 불꽃이 사그라들어 눈에 보이지는 않지만 스스로 연기를 만들어낸다. 이때 갑자기 문을 개방하여 공기가 공급되면 가연성 기체가 산소를 만나서 폭발하듯이 불길이 번진다. 이러한 현상을 백드래프트(backdraft)라고 한다.

백드래프트

❷ 외부에서 백드래프트의 징후를 관찰할 수 있는 특징은 균열된 틈이나 작은 구멍을 통하여 연기가 건물 안으로 빨려 들어가는 현상이 발생된 경우, 화염은 보이지 않으나 창문이나 문이 뜨거운 경우, 유리창 안쪽으로 타르와 유사한 기름 성분의 물질이 흘러내리는 경우, 창문을 통해 보았을 때 건물 내에서 연기가 소용돌이치고 있는 경우 등이다. 건물의 내부에서 관찰할 수 있는 징후로는 압력의 차이로 인해 공기가 내부로 빨려 들어가는 듯한 특이한 소리가 들리는 경우, 연기가 건물 내부에서 소용돌이치거나 맴도는 경우가 있다.

예시답안

50

❶ 한여름 낮에 태양이 내리쬐면 앞마당은 뜨겁고 뒤뜰인 뒤는 시원하다. 마당의 뜨거워진 공기가 위로 올라가면 뒤뜰의 시원한 공기가 대청마루를 통해 앞마당으로 이동하므로 시원한 바람이 분다.

요소별 채점 기준	점수
마당과 뒷뜰의 온도 차이를 서술한 경우	3점
대류 현상을 서술한 경우	3점

❷

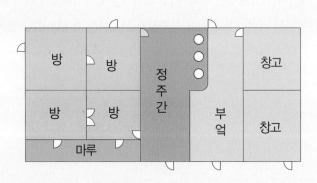

• 추위를 막기 위해 방을 마주 보도록 겹집으로 만든다.
• 창문을 작게 만들어 집 밖의 추위가 들어오지 않고 집안의 따뜻한 공기가 빠져나가지 않도록 한다.
• 벽을 두껍게 만들어 집 밖의 추위가 들어오지 않고 집안의 따뜻한 공기가 빠져나가지 않도록 한다.
• 마루를 좁게 만들고 마루 앞에 유리창을 만든다.
• 부엌과 방 사이에 정주간이라는 넓은 온돌방을 만들어 거실로 사용하고, 따뜻한 부엌과 방을 벽으로 막지 않는다.
• 눈이 많이 오므로 고립을 막고 더 많은 햇빛을 마당 안으로 끌어들이기 위해 앞마당 앞에 대문을 만들지 않는다.
• 지붕에 쌓인 눈의 무게를 지탱하기 위해 서까래를 굵게 만든다.

총체적 채점 기준	점수
자연환경을 고려하여 한옥을 설계한 경우	4점
이유를 바르게 서술한 경우	4점

[해설]

❶ 한옥은 바닥을 흙이나 돌로 다져 단단한 기단을 만들고 그 위에 집을 짓는다. 기단이 있어서 바닥의 습기나 해충의 공격을 차단할 수 있고 통풍이 잘 되므로 쾌적하다. 한옥의 창문에 바르는 종이로 만든 한지도 단열과 통풍 기능을 한다. 한옥의 지붕 밖으로 길게 나온 처마는 태양의 남중 고도가 높은 여름에는 햇빛을 막아 시원하게 만들고 남중 고도가 낮은 겨울에는 집 안까지 햇빛이 들어올 수 있도록 한다. 보통 마당에는 화강암이 풍화되어 만들어진 백토를 까는데 흰 백토가 거울처럼 빛을 잘 반사하여 처마로 인해 어두워진 방안을 환하게 밝힌다.

❷ 정주간은 부엌과 안방 사이에 벽이 없이 부뚜막과 방바닥이 한 평면으로 된 큰 방으로 겨울이 추운 관북 지방의 겹집에 있는 특이한 공간이다. 강원도 고성 왕곡마을에 북방식 전통 한옥과 초가집이 중요 민속자료로 지정되어 관리되어 오고 있다.

◐ 정주간

안쌤이 추천하는
영재교육원 대비 5,6학년 로드맵

STEP

개념+창의력

안쌤의 최상위 줄기과학 초등 시리즈 　학기별 8강, 총 32강

STEP

문제해결력

안쌤의 창의적 문제해결력 시리즈 　수학 8강, 과학 8강

STEP

실전 대비

안쌤의 창의적 문제해결력 실전 시리즈 　수학 50제, 과학 50제, 모의고사 4회

안쌤의
창의적 문제해결력 시리즈

초등 1~2 학년

초등 3~4 학년

초등 5~6 학년

중등 1~2 학년

안쌤의 창의적 문제해결력 시리즈

초등 1·2학년
안쌤의 창의적 문제해결력 수학 1·2학년
안쌤의 창의적 문제해결력 과학 1·2학년
안쌤의 창의적 문제해결력 파이널 수학 50제 1·2학년
안쌤의 창의적 문제해결력 파이널 과학 50제 1·2학년
안쌤의 창의적 문제해결력 모의고사 1·2학년 (수학 과학 공통)

초등 3·4학년
안쌤의 창의적 문제해결력 수학 3·4학년
안쌤의 창의적 문제해결력 과학 3·4학년
안쌤의 창의적 문제해결력 파이널 수학 50제 3·4학년
안쌤의 창의적 문제해결력 파이널 과학 50제 3·4학년
안쌤의 창의적 문제해결력 모의고사 3·4학년 (수학 과학 공통)

초등 5·6학년
안쌤의 창의적 문제해결력 수학 5·6학년
안쌤의 창의적 문제해결력 과학 5·6학년
안쌤의 창의적 문제해결력 파이널 수학 50제 5·6학년
안쌤의 창의적 문제해결력 파이널 과학 50제 5·6학년
안쌤의 창의적 문제해결력 모의고사 5·6학년 (수학 과학 공통)

중등 1·2학년
안쌤의 창의적 문제해결력 파이널 수학 50제 중등 1·2학년
안쌤의 창의적 문제해결력 파이널 과학 50제 중등 1·2학년
안쌤의 창의적 문제해결력 모의고사 중등 1·2학년 (수학 과학 공통)

매스티안

펴낸곳 ㈜타임교육 **펴낸이** 이길호
지은이 안쌤 영재교육연구소 (안재범, 최은화, 유나영, 이상호, 이은정, 추진희, 오아린, 허재이, 이민숙, 이나연, 김혜진)
주소 서울특별시 강남구 봉은사로 442 **연락처** 1588-6066

팩토카페 http://cafe.naver.com/factos
안쌤카페 http://cafe.naver.com/xmrahrrhrhghkr

자율안전확인신고필증번호: B361H200-4001
1. 주소: 06153 서울특별시 강남구 봉은사로 442
2. 문의전화: 1588-6066
3. 제조년월: 2019년 11월
4. 제조국: 대한민국
5. 사용연령: 8세 이상
※ KC마크는 이 제품이 공통안전기준에 적합하였음을 의미합니다.

⚠주의
종이, 모서리에 다칠 수 있으니 주의하세요!

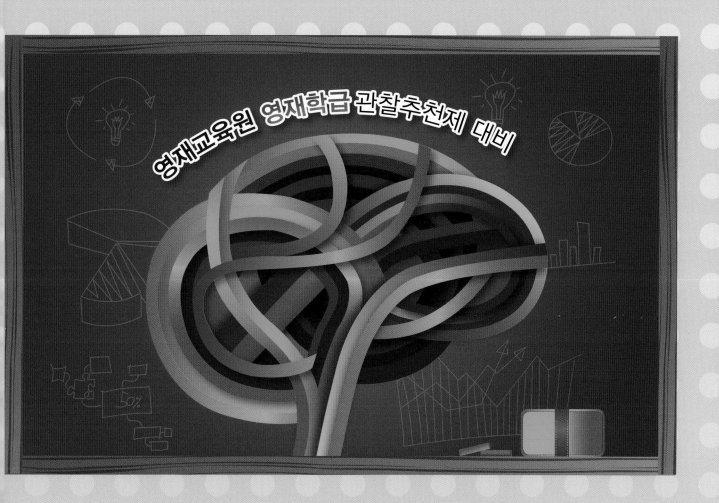

영재교육원 영재학급 관찰추천제 대비

안쌤의
「창의적 문제 해결력」 수학 과학
공통

모의고사

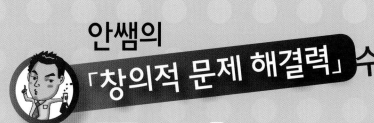

1 모의고사[4회]

● 최근 시행된 전국 관찰추천제 **기출 완벽 분석 및 반영**

● 서울권 창의적 문제해결력 **평가 대비**

● 영재성검사, 학문적성검사, **창의적 문제해결력 검사 대비**

2 평가 가이드 및 부록

● 영역별 점수에 따른 **학습 방향 제시와 차별화된 평가 가이드 수록**

● 창의적 문제해결력 평가와 면접 기출유형 및 예시답안이 포함된 **관찰추천제 사용설명서 수록**

안쌤의
줄기과학 시리즈

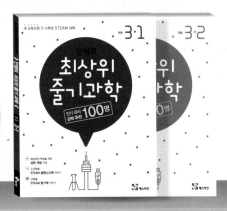

3-1 **8강**   3-2 **8강**   4-1 **8강**   4-2 **8강**

5-1 **8강**   5-2 **8강**   6-1 **8강**   6-2 **8강**

물리학 **24강**   화학 **16강**   생명과학 **16강**   지구과학 **16강**   물리학 워크북   화학 워크북